#PM2025

Projekte. Gut. Machen.
7 Thesen
zur Zukunft der Projektarbeit.

Olaf Hinz

Heiko Bartlog

VORWORT

#PM2025

Zukunft braucht Herkunft. Dieses Postulat des Philosophen Odo Marquard sollten wir uns bewusst machen, wenn wir Zustände verändern oder verbessern wollen. Denn gerade in Zeiten dynamischer Umbrüche braucht es eine Rückbesinnung zum Ursprünglichen - zur Geschichte hinter den Dingen. Nur so kann Fortschritt langfristig gelingen.

Die Arbeits- und Organisationsform Projektmanagement gründet auf einer zentralen Fragestellung: Wie kommt das Neue in die Welt? Es geht immer um neuartige, komplexe Probleme, die vom jeweiligen Projektteam gelöst werden sollen. Das ist die Konstante. Das Umfeld, in dem sich Unternehmen und Projekte bewegen, ist jedoch alles andere als konstant. Immer schneller, immer unplanbarer, immer komplexer. Immer mehr VUCA. Was bedeutet das für die Evolution des Projektmanagements?

Olaf Hinz und Heiko Bartlog laden uns mit dieser Publikation ein, Projektmanagement neu zu denken. Aus dem Bewusstsein heraus, was gutes und richtiges Projektmanagement in der alten Welt bedeutet hat und was es in der neuen Welt bedeuten könnte. Ich verwende die Unterscheidung alt <> neu an dieser Stelle bewusst und setze gleich noch einen drauf: Der alten Welt ist nicht bewusst, wie neu die neue Welt ist.

Projekte, die echte Innovation und relevanten Fortschritt hervorbringen, sind in diesem Zusammenhang von essenzieller Bedeutung. Deshalb sollte es ein gemeinsames Anliegen sein, die Projektmanagement-Disziplin gemeinsam weiterzuentwickeln. Damit Projekte mit der gestiegenen Komplexität noch besser umgehen können. Denn darum geht es im Kern.

Ich danke Olaf und Heiko für ihr Denkangebot #PM2025 und wünsche der Publikation eine breite Leserschaft und konstruktiv-kontroverse Diskussion.

Stefan Hagen

#PM2025 EINLEITUNG

Projektarbeit bleibt weit unter ihren Möglichkeiten! In Großprojekten finden Projektmanager zunehmend kein Ende mehr und die Anzahl der Witze auf Kosten des Projektmanagements wächst stetig. Und was soll einem auch anderes einfallen als Hohn und Spott angesichts von technokratischem Vorgehen, planwirtschaftlichem Abarbeiten und dem Umgang mit Risiken, der an das Verhalten von Motten erinnert, wenn das Licht angeht, ...

SO MACHT UNS PROJEKTMANAGEMENT KEINEN SPASS UND PROJEKTE WERDEN SO AUCH NICHT ERFOLGREICH.

Deshalb begannen wir, nach einer wirksamen Art des Umganges mit Projekten zu suchen. Denn wir lieben unsere Profession und sind überzeugt, dass Projektarbeit eine der effektivsten Möglichkeiten ist, neue Ideen erfolgreich zu machen. Bei steigender Ungewissheit und Komplexität sind zertifizierte Vorgehensmodelle jedoch nicht mehr auf der Höhe der Zeit. Für erfolgreiche Projektarbeit ist Vernetzung wichtiger als der Wahrheitsanspruch eines Zertifikates.

Das ist wohl auch der Grund, warum wir uns bei einer Unkonferenz begegnet sind, dem PM Camp, für das wir an den Standorten Berlin und Hamburg nun auch selbst Verantwortung übernommen haben. Der intensive Austausch mit vielen unterschiedlichen Menschen hat unsere Überzeugung bestärkt, dass die Zeit der Gewissheit im „Management" von Projekten vorbei ist.

Deshalb waren es auch sieben Thesen zur Zukunft des Projektmanagements, mit denen wir gemeinsam mit Stefan Hagen im Frühjahr 2016 unter #pm2025 einen anderen Weg für unsere Profession weisen wollten:

- Weg von **komplizierten** hin zu **komplexen Systemen**
- Weg von **Planarbeit** hin zu **Pionierarbeit**
- Weg von **Nacheinander** hin zu **Miteinander**
- Weg von **Geschlossen** hin zu **Offen**
- Weg von **Wissen** hin zu **Können**
- Weg von **Management** hin zu **Führung**
- Weg von **Standardisierung** hin zu **Integration**

Einige PM Camps später, auf denen wir unsere Thesen vielen Teilgebern vorgestellt und mit ihnen gemeinsam diskutiert und verfeinert haben, legen wir eine neue Wegmarke vor.

EINLEITUNG

Dieses Buch will konkrete Vorschläge für die nächsten Schritte machen, wie Projektmanagement auch in einer VUCA Welt gelingt. Dabei geht es uns nicht um ein neues Wunderding im Projektmanagement, sondern um die Vergrößerung des Möglichkeitsraumes, aus dem Projektarbeiter* auswählen können. Dabei stehen wir in der Tradition von W. Ross Ashby, der uns nahegelegt hat, dass wir das System Projekt letztlich nur dann wirksam steuern können, wenn wir die Anzahl der Möglichkeiten, Projekte zu steuern, so erhöhen, dass wir auf nahezu alle Variationen von Projektthemen sinnvoll reagieren können.

FÜR UNS IST PROJEKTARBEIT EINE DER BESTEN MÖGLICHKEITEN, UM THEMEN IN ORGANISATIONEN MIT WIRTSCHAFTLICHEM ERFOLG VORANZUBRINGEN UND DIE PIONIERARBEIT, DIE AUF ALLEN GESELLSCHAFTLICHEN EBENEN ANSTEHT, ZU ERMÖGLICHEN.

Dafür bieten wir zu den sieben Thesen dieses Buches jeweils sieben konkrete Ansätze an, wie Projektmanagement jenseits der Planwirtschaft gelingt: in Vielfalt, Vernetzung und besserer Kooperation. Damit unsere Profession endlich ihre Möglichkeiten nutzt! Die aufgeführten Ansätze sind Denkmodelle, Analysewerkzeuge, Praktiken, Techniken und Methoden. Einige sind sofort nutzbar, andere sind eher als Anregung gemeint, sich tiefer damit zu beschäftigen: durch Selbststudium, durch kundige Anleitung und Unterstützung, durch Ausprobieren.

Dabei ist dieses Buch nur der Beginn eines Anfangs, den wir mit allen engagierten Verfechtern gern unter www.2025.de so fortsetzen wollen, dass die Möglichkeiten weiter steigen. Dieser Anfang wäre ohne Stefan Hagen, der an den initialen 7 Thesen mitgearbeitet hat, und Ralf Eichner, der unsere Idee, mal „was mit Inhalt machen zu wollen" so wunderbar in Szene gesetzt und an die Öffentlichkeit gebracht hat, nicht möglich gewesen. Wir danken Euch, Stefan und Ralf, wie den vielen PM Camp Teilgebern und all den Denkern und Autoren, deren Ansätze wir hier kurz vorstellen, für die neuen Möglichkeiten.

Berlin und Hamburg im April 2018

Heiko Bartlog & Olaf Hinz

*Wir verwenden männliche Begriffe, meinen aber stets beide Geschlechter.

#PM2025 INHALT

THESE 1

Von komplizierten zu komplexen Systemen

THESE 2

Von Planarbeit zu Pionierarbeit

THESE 3

Von **Nacheinander**
zu **Miteinander**

THESE 4

Von **Geschlossen**
zu **Offen**

THESE 5

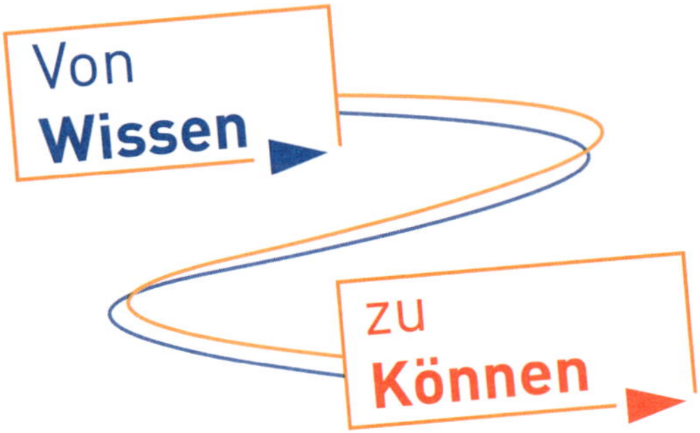

THESE 6

Von **Standardisierung** zu **Integration**

THESE 7

#PM2025

THESE 1

Von **komplizierten** zu **komplexen Systemen**

So Mo Di Mi Do Fr Sa So

Marktanalyse
Statusberichte
Vollauslastung
Planung & Umsetzung
kompliziert
SMARTe Ziele
ChangeRequest
Risikomanagement
Investitionsrechnung
Effizienz
Kontinuierliche Verbesserung
Earned Value at Risk
Termineinhaltung
Überraschung
Risiko als Chance
Anpassungsfähigkeit
Erwartungsklärung
Transformation
Flexible Pläne
Beobachtungen
komplex
Reaktionsgeschwindigkeit
Zielkorridor
Zusammenhänge

„Komplexität bedeutet, da kommt immer noch was nach."

[Olaf Hinz]

Projekte zu managen ist keine leichte Aufgabe.

Nicht ohne Grund hat sich die Disziplin Projektmanagement entwickelt, die Projektteams eine Menge hilfreicher Werkzeuge zur Verfügung stellt. Und doch kommen Projektleiter immer häufiger an ihre Wirksamkeitsgrenze ...

Projekte widmen sich per Definition inhaltlich komplexen, neuartigen Vorhaben und arbeiten auf mehreren Ebenen gleichzeitig. Da geht es nicht nur um den sachlich und fachlich richtigen Projektgegenstand, sondern auch um Veränderung von Prozessen, um Zusammenarbeit, Arbeitsumgebung und oft auch um Kosten, Erlöse, Kunden, Märkte und Strategie. Gleichzeitig ist die Arbeit in Projekten auch Teil einer gesellschaftlichen Entwicklung, die von rasant wachsender Komplexität gekennzeichnet ist. Und trotzdem wird immer noch versucht, das System Projekt mit Methoden, best practice Prozessen und KPIs zu steuern.

Wir glauben, dass diese Art des Umgangs unter anderem an einem weit verbreiteten Irrtum liegt: **Projekte werden dann erfolgreich, wenn sie in einem streng methodischen Prozess durchgeführt werden.** Ein wesentlicher Unterschied wird dabei ausgeblendet: komplex vs. kompliziert.

Mit **komplizierten** Fragestellungen umzugehen, daran sind Projektmanager gewöhnt, und viele sind dafür zertifiziert und ausgebildet. Es ist die notwendige Bedingung für erfolgreiches Projektmanagement: Alle komplizierten Themen, die mit Aufwand, hohem Einsatz und guter Ressourcenqualität „zu knacken" sind, werden mit modernen Methoden, IT-Einsatz und konsequenter Delegation gemanagt.

Aber genauso gilt die hinreichende Bedingung für erfolgreiches Projektmanagement: Alle **komplexen** Themen, die mit teilweiser Unvorhersagbarkeit, Rückkopplungen, „Chaos" und nicht-linearer Dynamik daherkommen, werden mit Alternativen geplant und mit Entscheidungskraft geführt.

Wir beobachten, dass in typischen „Projektschiffen" der Maschinenraum mit Managern überfüllt ist, die komplizierte Prozesse meistern, und ein eklatanter Mangel an Talent, Wissen und Führung für ungewisse Situationen vorliegt. **Wir glauben, dass dies daran liegt, dass der Unterschied zwischen komplex und kompliziert oft nicht verstanden oder ganz einfach übersehen wird.**

Zu oft werden die (formalen) Methoden, mit denen komplizierte Themen gut bearbeitet werden können, in die komplexe Welt „hinüber gerettet". **Stattdessen sollte bei der Bewältigung von Dynamik, Ungewissheit und projekttypischen „Überraschungen" auf (neue) Ideen und das individuelle Können der Projektarbeiter gesetzt werden.**

Denn die formale „Planwirtschaft" in der Projektleitung, die versucht, die reale Komplexität durch Prozesse, Methoden und Tools „wegzumanagen", macht Projekte zunichte, noch bevor sie sich erfolgreich entwickeln können.

Viele Projekte scheitern daran, dass Unternehmen in die Komplexität „hineinstolpern" und die darin enthaltene Einladung zur Überforderung voll auskosten, indem sie einem komplexen Projekt mit derkömmlichen Tools begegnen und darum scheitern müssen. Und dies meist aus einem Missverständnis heraus, dass es sich nicht um komplexe, sondern nur um komplizierte Themen handelt. Dabei erkunden Projekte doch das Neue und stoßen ein Fenster zu dem auf, was außerhalb des Unternehmens gemacht, gedacht oder ebenfalls gerade probiert wird. Gerade dieser hohe Anspruch, der durch die Pionierleistung (→ **These 2**) in Projekten entsteht, lässt Organisationen oft zum ersten Mal das Phänomen der Komplexität erkennen.

Komplexität wirkt auf mehreren Ebenen: Da gibt es die drei „inneren" Ebenen, nämlich die des Projektmanagers selbst, die des Projektteams und die der Organisation in der das Projekt stattfindet. Dazu kommen als „äußere" Ebenen die Umwelt des Projektes und die Gesellschaft. Diese sind uns wohlbekannt: **Globalisierung, Internationalisierung, Digitalisierung und Demographie** seien da nur als ersten Stichworte genannt.

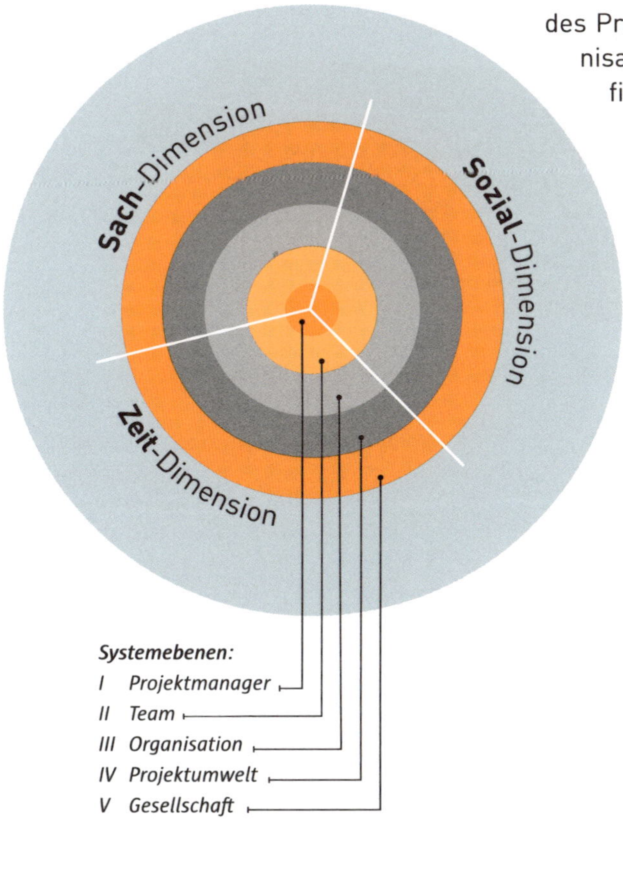

Die Veränderung der inneren und äußeren Komplexität beeinflussen sich dabei immer häufiger so, dass sich kleine und große Wellen vor unserem Projektschiff zu einer Monsterwelle aufschaukeln können.

ALSO: JE KOMPLIZIERTER EIN PROJEKT IST, DESTO WIRKSAMER SIND DIE HERKÖMMLICHEN PROJEKTMETHODEN. JE HÖHER ABER DER KOMPLEXE ANTEIL IM PROJEKT WIRD, DESTO HILFREICHER SIND ANDERE WERKZEUGE …

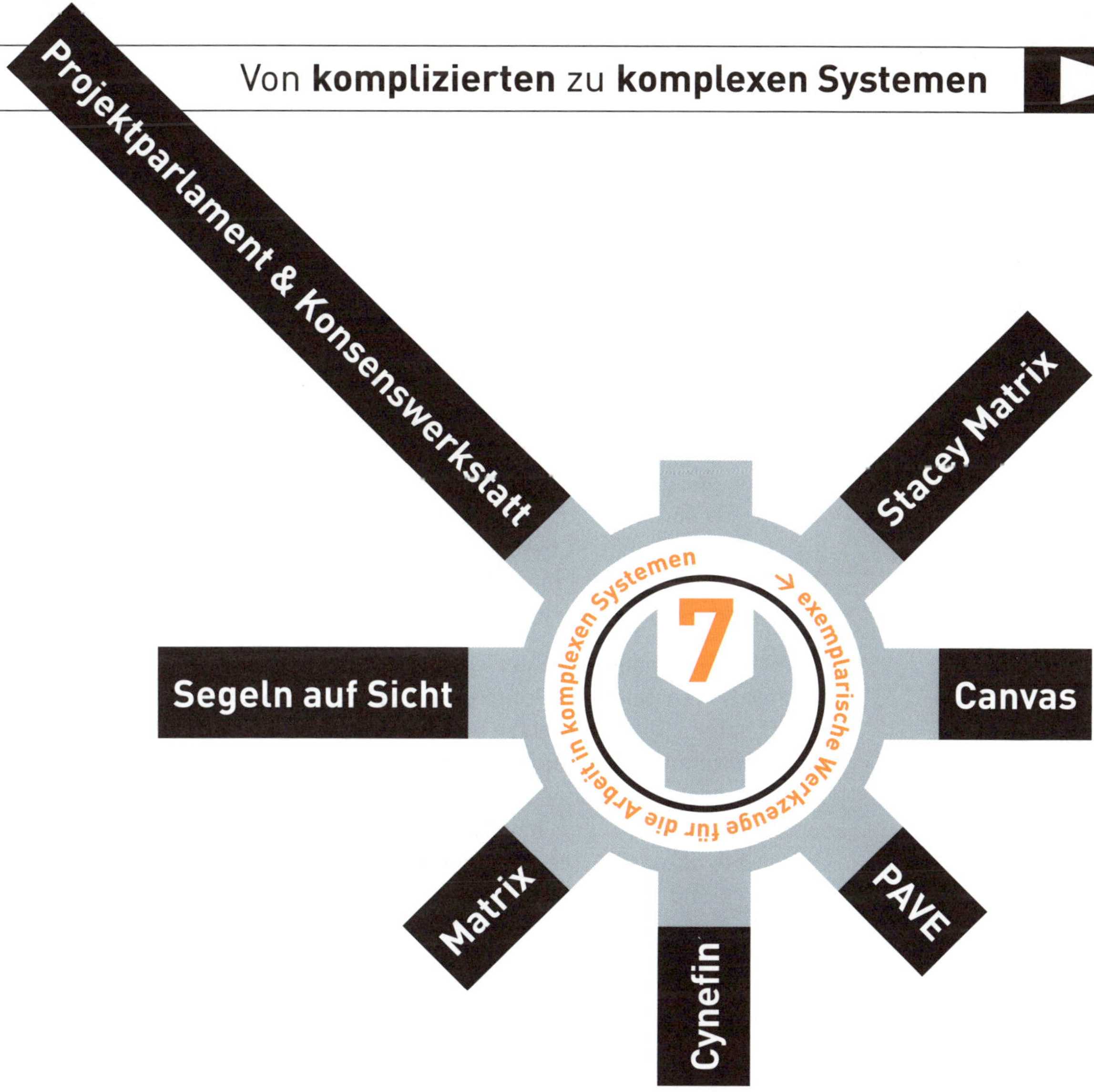
Projektparlament & Konsenswerkstatt
Stacey Matrix
Segeln auf Sicht
Canvas
Matrix
Cynefin
PAVE
7
komplexen Systemen → exemplarische Werkzeuge für die Arbeit in komplexen Systemen

Stacey Matrix

Ralph D. Stacey verdanken wir ein **Werkzeug, das die Entscheidungsfindung für Projektmanager transparenter macht.** Abhängig vom Grad der Ungewissheit und von der Klarheit über den Projektgegenstand spannt sich ein Feld unterschiedlicher Entscheidungsprozesse auf, die für die jeweilige Situation gut oder weniger gut geeignet sind. Wir schlagen eine modifizierte Form der Matrix vor: Sie klammert den Bereich der „einfachen" Aufgaben (hohe Gewissheit über den Projektgegenstand und das Vorgehen) aus, die durch Standardisierung und Automatisierung leicht lösbar sind. Dazu braucht es uns Projektmanager nicht!

Links unten liegen die Bereiche, in denen komplizierte Themen vorherrschen und die Projektmanager heute überwiegend „im Griff" haben. Sie nutzen dazu bewährte PM-Methoden (1), verhandeln mit relevanten Stakeholdern kontinuierlich die Zielgrößen (2) und wechseln bei steigender Ungewissheit von der SOLL-IST Steuerung zu einem engen Monitoring, mit dem gewährleistet wird, dass die aktuellen Meilensteinergebnisse zur Unternehmensstrategie und -kultur passen (3).

Stacey Matrix

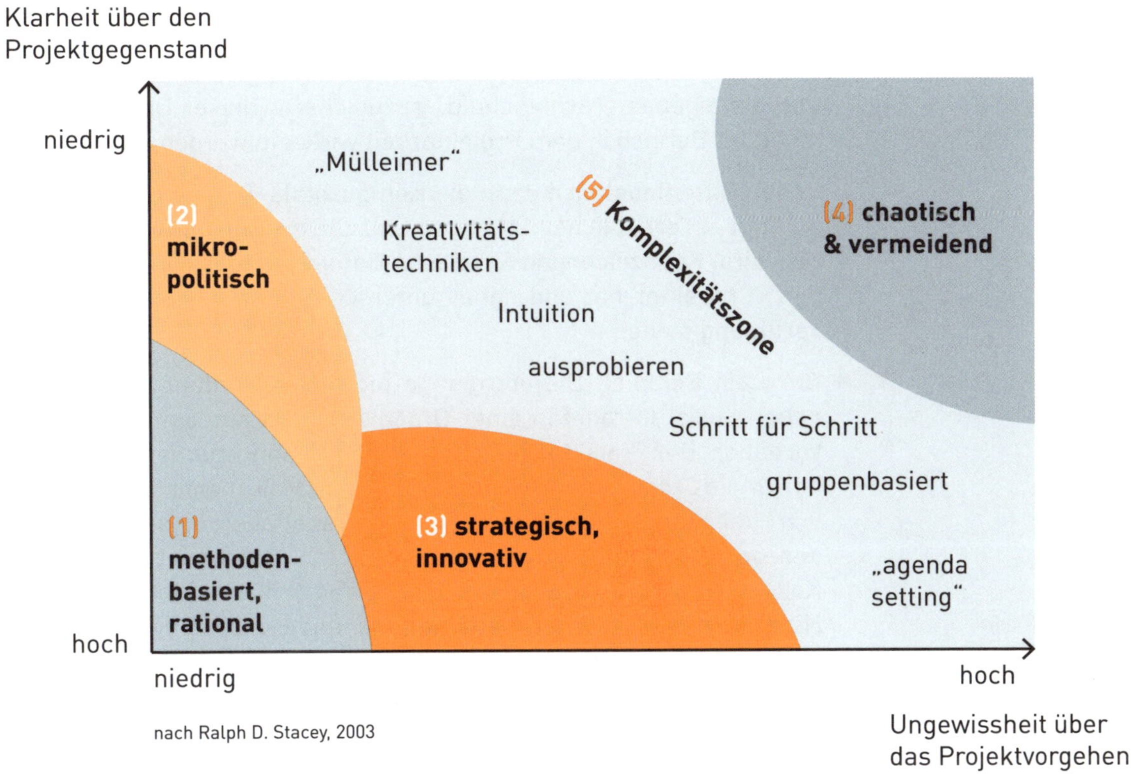

nach Ralph D. Stacey, 2003

Rechts oben ist der Bereich skizziert, in dem weder Gewissheit noch Klarheit herrscht (4). Entscheidungswerkzeuge schlagen fehl, stattdessen ist oft das „Hintern an die Wand"-Phänomen zu beobachten, d.h. jeder versucht, Entscheidungen zu vermeiden und die eigenen „Nicht-Schuld" abzusichern. Dieser Bereich ist nicht der Bereich in dem Projektarbeit wirksam werden kann.

In der Mitte findet sich dann die Komplexitäts-Zone (5), in der in Zukunft ein erheblicher Anteil von Entscheidungen im Projekt liegen wird. Kennzeichnend für diesen Bereich ist, dass er „fließenden" Charakter hat und daher unterschiedliche Werkzeuge zur Verfügung stehen.

Dazu ein Beispiel: Die erstmalige technische Einführung eines neuen Social Intranet in einer Organisation ist ein kompliziertes Vorhaben. Der Projektgegenstand ist gut bekannt, nur der Weg dahin für die Organisation, die dies zum ersten Male macht, ist „ziemlich" unbekannt. Wenn dieses Social Intranet allerdings auch von den unterschiedlichen Nutzergruppen aktiv zur Vernetzung und Kollaboration genutzt werden soll, wird das Vorhaben komplex: Die Nutzerbedürfnisse sind vielfältig und ändern sich dynamisch, durch die Vernetzung entstehen neue Bedürfnisse und Praktiken, die zuvor noch gar nicht vorhersehbar waren. So wird das ursprünglich komplizierte Vorhaben allein durch die Berücksichtigung der Kundenbedürfnisse zu einem komplexen Projekt.

Sinnvolle Werkzeuge:
Das Entscheidungssystem des Mülleimers: Damit wird versucht, durch „organisierte Anarchie“ das unsystematisch verteilte Wissen in der Organisation zu nutzen.
Der konsequente Einsatz von Kreativitätstechniken, gerade bei Unklarheit und Ungewissheit.
Die Nutzung des intuitiven Repertoires und des „trial & error“-Vorgehens: Der Max-Planck Direktor Gerd Gigerenzer hat das zu Recht als unbewusste Intelligenz markiert. Ein iteratives Schritt für Schritt-Vorgehen, wie es sich in zahlreichen agilen Ansätzen wiederfindet.
Prozesse, die die Intelligenz der Gruppe bewusst fokussieren und die unterschiedliche Zusammensetzung des Projektteams nutzen.
Agenda setting, d. h. die bewusste Beschränkung auf nur ganz wenige, klar abgestimmte Eigenschaften des Projektgegenstands.

MÖCHTEN SIE AUCH IN UNGEWISSEN UND UNKLAREN PROJEKTEN HANDLUNGSFÄHIG BLEIBEN, UND MÖCHTEN SIE BEI DER „SORTIERUNG“ IHRER OPTIONEN MEHR KLARHEIT? DAFÜR IST DIE STACEY MATRIX EIN HERVORRAGENDES INSTRUMENT.

PAVE ist ein Instrument aus der Effectuation-Forschung. **Es wurde entwickelt, um die zur jeweiligen Situation passende Bewältigungsstrategie zu wählen.** Dabei werden zwei Aspekte der Zukunft getrennt voneinander betrachtet:

- **Ist die Zukunft von uns mit-gestaltbar oder müssen wir sie als gegeben hinnehmen und uns entsprechend positionieren?**
- **Ist die Zukunft für uns vorhersagbar oder gänzlich ungewiss?**

Die Auswertung bzw. Einordnung von Vorhaben erfolgt mithilfe einer 4-Quadranten-Matrix, bei der eine Achse die Vorhersagbarkeit bzw. Ungewissheit der Zukunft, die andere Achse den eigenen Einfluss auf die Zukunft ausdrückt:

PAVE Matrix

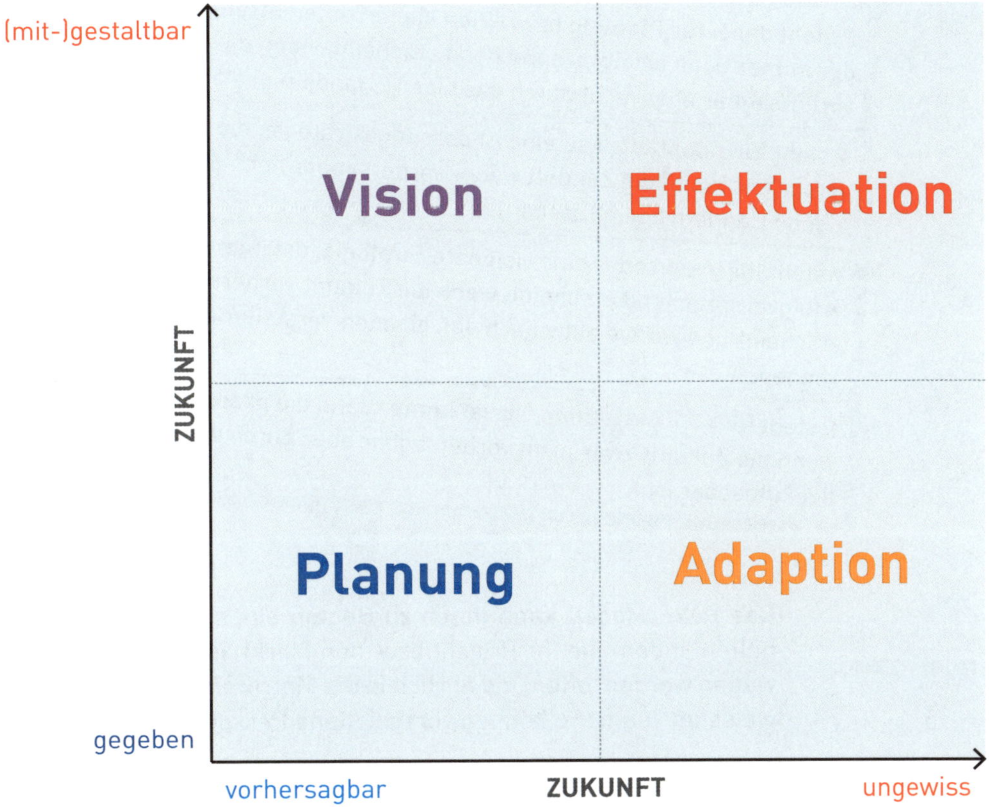

nach Wiltbank, R., Dew, N., Read, S., & Sarasvathy, S. D. 2006

P steht dabei für **Planung** bzw. einen planerischen Strategieansatz, der immer dann erfolgversprechend erscheint, wenn die Zukunft zwar vorhersagbar aber nicht durch das eigene Handeln gestaltbar ist.

A steht für **Adaption**, also eine Anpassungsstrategie, die dann Erfolg verspricht, wenn die Zukunft weder vorhersagbar noch durch das eigene Handeln beeinflussbar ist.

V steht für **Vision** oder eine visionäre Strategie, die immer dann erfolgversprechend erscheint, wenn die Zukunft vorhersagbar erscheint und wir sie aktiv nach den eigenen Vorstellungen gestalten können.

E steht für → **Effectuation**, sie ist immer dann die passende Strategie, wenn die Zukunft zwar nicht vorhersagbar aber durch unser Handeln beeinflussbar ist.

Das PAVE Modell kann Ihnen zu Beginn eines neuen Vorhabens helfen, indem Sie Ihr Projekt bzw. den Markt, in dem Sie sich bewegen werden, offen und ehrlich in die Matrix einordnen – idealerweise im Team. So können verschiedene Perspektiven einfließen.

Sammeln Sie dazu ehrliche Antworten auf die folgenden Fragen zu Ihrem Projekt:
P: Welche Faktoren, die auf den Erfolg unseres Projektes wirken, sind sicher vorhersagbar und nicht von uns gestaltbar bzw. beeinflussbar, also als gegebene Rahmenbedingung anzusehen?
A: Welche Erfolgsfaktoren für unser Projekt sind ungewiss, lassen sich also nicht vorhersagen, und können nicht von uns beeinflusst bzw. gestaltet werden?
V: Welche Erfolgsfaktoren können wir selbst nach unseren eigenen Vorstellungen gezielt beeinflussen bzw. mit-gestalten, sodass sie sicher eintreffen?
E: Welche Erfolgsfaktoren lassen sich von uns zwar beeinflussen bzw. mit-gestalten, allerdings ohne Sicherheit, dass das gewünschte Ergebnis eintrifft?

Auf Projekte bezogen, können Sie beispielsweise die folgenden Faktoren genauer betrachten:

- **Projektziele**
- **Projektinhalte bzw. Funktionsumfang**
- **einzusetzende Technologie**
- **relevante Geschäftsprozesse**
- **Organisationsstrukturen**
- **Budget und Zeitrahmen**
- **Schnittstellen zu bestehenden Systemen**
- **die Zusammensetzung Ihres Projektteams**
- **Bedürfnisse bzw. Anforderungen der Nutzer und Stakeholder**
- **das Vorgehensmodell**

... sowie alle weiteren Rahmenbedingungen, die Einfluss auf den Erfolg Ihres Projektes haben werden.

Bei großen Vorhaben können Sie noch eine Ebene tiefer gehen und unterschiedliche Aspekte des Projekts betrachten: Daraus ergibt sich ein differenzierter und somit erfolgversprechender Strategie-Mix und passende Vorgehensweisen für unterschiedliche Aspekte bzw. Teilprojekte.

Darüber hinaus stehen auch Fragebögen zur Selbstreflexion und Einordnung der eigenen Persönlichkeit in die PAVE Matrix zur Verfügung: **Die Auswertung zeigt, welche Handlungsstrategien man selbst intuitiv bevorzugt.** Wenn jedes Teammitglied die eigenen Strategiepräferenzen im Team offenlegt, entsteht Transparenz und Sie können gemeinsam nach Lösungen suchen: **Welche Strategien werden im Team systematisch vernachlässigt oder bevorzugt? Passt das zu unserem Vorhaben? Benötigen wir noch jemanden mit einer alternativen Handlungspräferenz im Team?**

Fragen Sie sich, ob klassische Planung oder Agilität oder etwas ganz anderes der passende Ansatz für Ihr Projekt ist? Haben Sie Zweifel, dass Ihre derzeitige Handlungsstrategie erfolgversprechend ist?

DURCH EINE ANALYSE IHRES VORHABENS MITHILFE DES PAVE-MODELLS GEWINNEN SIE NEUE ERKENNTNISSE ZU PASSENDEN HANDLUNGSSTRATEGIEN! PROBIEREN SIE ES EINFACH EINMAL AUS!

Segeln auf Sicht

So nennt der leider viel zu früh verstorbene Peter Kruse die angemessene **Reaktion auf zunehmende Veränderungsgeschwindigkeit und wechselnde Winde**. Denn die Paradigmen für Führung und Management haben sich geändert: In einer digitalen 4.0-VUCA-Welt haben die Projektkulturen einen entscheidenden Vorteil, die Werte verkörpern, die Komplexes von Kompliziertem unterscheiden und die gerade in stürmischer See Haltung zeigen.

Was uns zukünftig voranbringt, sind die Protoypen (oder **→ Pretotypen**), die „good enough" sind, – nicht die „ausgetesteten" Exzellenzlösungen. Ausgefeilte Projektpläne abzustimmen und niederzuschreiben, ist oft nur noch Zeitverschwendung. Arbeitspaketaufträge, Vorgehensmodelle und harte Projektprozesse, bei denen in der Formulierung um jedes Wort gerungen wird, sind immer öfter bereits nach der Drucklegung veraltet. Task Boards, **→ Canvas** und Design Thinking sind dagegen sinnvolle Hilfsmittel, um die nächsten Schritte gemeinsam anzugehen, um sie transparent zu machen und leicht an neue Erkenntnisse anzupassen.

Klug ist es, lieber rasch und unvollständig zu handeln, statt spät und vollständig. Der Markt wird unübersichtlich, denn die Innovations- und Produktzyklen werden immer schneller – und die Big-Data-Masse ist nicht zu überblicken. Deshalb ist es klug, kurze Strecken mit hoher Intensität zu „sprinten", statt für lange Reisen eine Menge Gepäck mitzuführen.

Es braucht die Lust, sich immer wieder neu zu entscheiden, statt dauerhafte Weichenstellungen zu betonieren. Es gilt mit der Regel „zeitnah, aber nicht im Affekt" zu führen. Auch beim Segeln auf Sicht braucht es Entscheidungen, Verbindlichkeit und Verantwortungsübernahme. Besser Sie treffen diese nicht einsam und allein, sondern auf Basis intensiver Interaktion im Projektteam (→ **These 3**).

Unentscheidbare Entscheidungen zu treffen, Uneindeutigkeit aushalten zu können, Inhaber einer oder mehrerer temporären Rollen zu sein, statt Besitzer einer unveränderlichen Stelle, und die Unterschiede in gleichrangigen Teams zu nutzen, darauf kommt es jetzt an.

Segeln auf Sicht ist:
inkrementell: weil große Pläne schon veraltet sind, bevor sie erscheinen;
interaktiv: weil einsame Helden mit ihrem Latein im VUCA-Wetter am Ende sind;
iterativ: weil Komplexität nicht in einem Zug bewältigt werden kann.

Wir sehen einen Paradigmenwechsel:
Statt kompliziert zu führen, lieber durch die Komplexität navigieren
Statt noch mehr Methodik einzusetzen, lieber Haltung zeigen
Statt zu spät und vollständig zu kommunizieren, lieber rasch und unvollständig
Statt Gemeinsamkeiten zu betonen, lieber Unterschiede nutzen
Statt die Dinge totzureden, lieber lebendige Ideen visualisieren
Statt exakt und lange zu planen, lieber auf Sicht segeln
Statt Alphatiergehabe und Macht zu benutzen, lieber Einfluss gewinnen
Statt als einsamer Held an der Spitze lieber im Team führen

STREBEN SIE AUCH EINEN PARADIGMENWECHSEL IN IHRER PROJEKTKULTUR AN? DANN IST „SEGELN AUF SICHT" EIN GRUNDMODELL, DAS DEN AKTUELLEN HERAUSFORDERUNGEN WIRKSAM BEGEGNEN KANN.

Cynefin

Das Cynefin Modell stammt vom walisischen Forscher David Snowden und beschreibt die zahlreichen **Faktoren in unserer Umgebung und Erfahrungswelt, die uns beeinflussen, ohne dass wir es merken**. Das Modell teilt die Probleme, mit denen Projektmanager konfrontiert sind, in fünf Kategorien ein – je nachdem, wie die Beziehung zwischen Ursache und Wirkung aussieht: einfach, kompliziert, komplex und chaotisch. In der fünften Kategorie (Unordnung) befinden sich dagegen alle Probleme, bei denen nicht klar ist, welche der vier anderen Kategorien dominiert.

In einfachen Systemen (1) ist die Problemlösung nach dem Vorgehen beobachten – kategorisieren – reagieren die bevorzugte Variante. Das Problem ist gut strukturiert, die Ursache-Wirkungsbeziehung eindeutig bekannt und mit bewährten Methoden wie z. B. dem Plan-Do-Check-Act Zyklus von William Deming und Walter Shewhart und best practise Prozessen gut zu lösen.

Wenn es allerdings kompliziert (2) wird, d. h. die Ursache-Wirkungsbeziehung nicht mehr als gut strukturiert von mir zu beobachten ist, sondern ich sie „nicht verstehe“, helfen (Fach-) Experten bei der Lösung. Jetzt ist das Vorgehen beobachten – analysieren – reagieren wirksam.

Komplexität (3) erfordert dagegen eine Umstellung des Repertoires von Eindeutigkeit auf Mehrdeutigkeit. Da komplexe Probleme ja

Cynefin

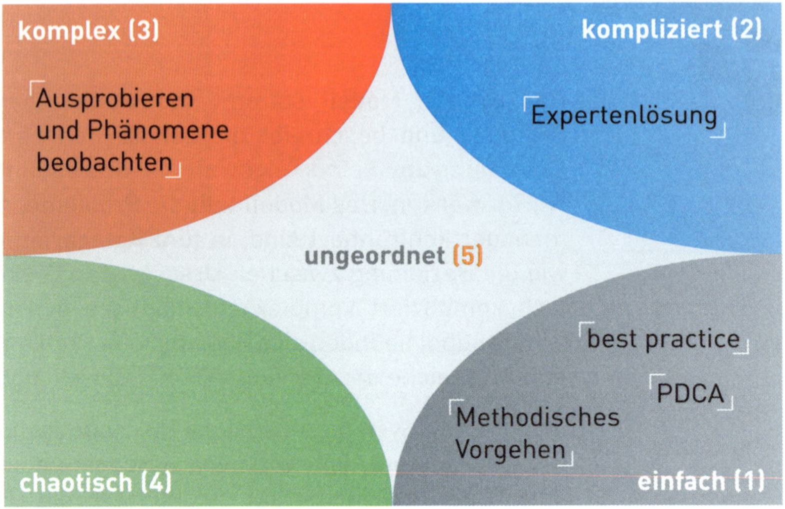

nach Snowden 2000

gerade durch ihre Uneindeutigkeit von Ursache und Wirkung und Nichtvorhersagbarkeit gekennzeichnet sind, helfen Kategorisierung und Analyse nicht weiter. Probieren – beobachten – reagieren ist jetzt das sinnvollste Vorgehen, um aus der Reaktion auf mein Ausprobieren evtl. Phänomene und Muster des Problems ableiten zu können.

Ist die Situation hingegen chaotisch (4), so sind noch nicht einmal beobachtbare Phänomene oder Reaktionsmuster zu erwarten. Die Ursache-Wirkungs-Beziehung ist immer anders. Hier ist der

„Machertyp" gefragt, der im Chaos trotzdem handelt und Entscheidungen nach dem Prinzip handeln – beobachten – reagieren trifft. Da lässt sich z. B. viel von Feuerwehrleuten lernen: obwohl das Haus unbekannt, der Brandherd unklar und die Situation undurchschaubar ist, agieren sie nach festen Prinzipien und (intuitiven) Entscheidungsheuristiken.

Mut und Risikofreudigkeit unterstützen die Projektmanagement-Strategie handeln – beobachten – reagieren, wenn man trotz eines unerklärlichen Fehlschlags wieder versucht, einen „Glückstreffer" zu landen.

Wenn einem unklar ist, in welcher Position das Problem auf der Cynefin Matrix einzuordnen ist, dann liegt „Unordnung" (5) vor. Projektmanager sind dann so verwirrt von Ursache- und Wirkungs-Beziehungen, dass sie sich wieder auf ihren individuellen Grundtypus bei der Entscheidungsfindung verlassen. Nach dem Vorgehen „wenn ich mich gar nicht auskenne, mache ich es wie immer", managen sie das Problem, ohne die tatsächliche Situation zu berücksichtigen.

Möchten Sie Ihr Projektmanagement-Verhalten ausdifferenzieren, um variantenreicher auf die verschiedenen Ursache-Wirkungs-Beziehungen reagieren zu können?

DAS CYNEFIN MODELL KANN IHNEN ALS DENKMODELL ZU MEHR KLARHEIT UND BESSEREN ENTSCHEIDUNGSOPTIONEN VERHELFEN!

Von Gerhard Wohland stammt der Begriff des dynamikrobusten Projektmanagements. Damit wird aus unserer Sicht sehr gut illustriert, worum es geht: **Projekte sind durch Unvorhergesehenes gekennzeichnet** (denn sonst wären sie Aufgaben), **und wirksames Projektmanagement muss damit umgehen können** (denn wofür wäre es sonst da)!

„Dynamikrobuste Projekte sind temporäre Gebilde, die immer von einer permanenten Organisation (Linie) umgeben sind. Projekte werden nur für Probleme benötigt, die die Linie nicht lösen kann. Wir beschreiben dies durch die Unterscheidungen temporär/permanent und innovativ/operativ (oder: Zentrum/Peripherie).“

nach Wohland 2012

Die Bereiche 1 und 2 auf der rechten Seite der Grafik **(auf der nächsten Seite)** zeigen den bekannten hierarchisch organisierten Teil des Linienmanagements einer Organisation. Links findet sich der Bereich des Projektmanagements, der uns hier besonders interessiert. Die herkömmliche Lösung des Schnittstellenproblems zwischen dem temporären Projekt und der permanenten Linie findet sich oben in der Abbildung: der Lenkungsausschuss. Er ist ein wirksames Managementgremium für komplizierte Projekte und Themen.

Eine Umgebung dynamirobuster Projekte

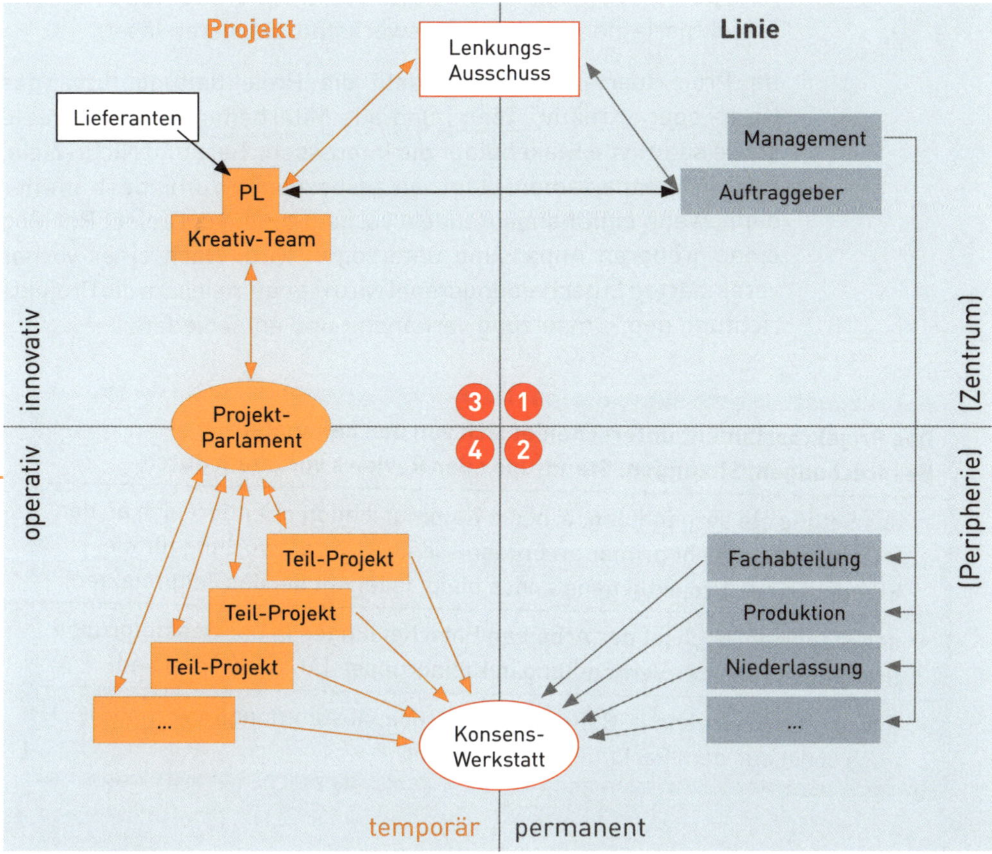

nach Wohland 2012

Wenn es allerdings komplex wird, braucht es die Intelligenz der Gruppe (→ **These 3**), die sich z. B. durch die Großgruppenformate Projektparlament und Konsenswerkstatt aktivieren lässt.

Im Projektparlament verhandeln die Projektleitung (bzw. das Kern- oder „Kreativ"-Team) und alle Mitarbeiter der Teilprojekte sowie sämtliche Stakeholder die Interessen, Ziele und Nicht-Ziele. Das Projektparlament tagt anlassbezogen, zumindest immer dann, wenn ein Change Request vorliegt bzw. das Project Backlog einer größeren Anpassung unterzogen wird. Nach einer vorher vereinbarten Entscheidungsregel wird hier gemeinsam die Projektrichtung und -umsetzung verhandelt und entschieden.

Das Projektparlament unterscheidet sich von den bekannten Besprechungen, Sitzungen, Stand-ups oder Reviews vor allem durch

- das Setting als Verhandlung, d. h. die Kommunikation orientiert sich an den Interessen und nicht primär an Ergebnissen. Die Verantwortung für die Erzeugung des Projektgegenstandes bleibt jederzeit bei den Teilprojekten,
- den ständigen Wechsel der Arbeit an Entscheidungen in der Gesamtgruppe (Parlament) und der Verhandlung in Kleingruppen (Ausschüssen) und
- die straffe Moderation (z. B. Rede-, Gegenrede, Abstimmung), wie man sie auch sonst aus dem Parlamentsalltag kennt.

Die Konsenswerkstatt ist das Gremium, in dem sich die operativen Kräfte treffen und über die Ergebnisse der Projektarbeit abstimmen. Sie beginnt immer mit einer (geheimen) Abstimmung aller Teilnehmer, ob der gerade fertiggestellte Projektgegenstand „abgenommen" wird. Daher finden Konsenswerkstätten oft in der Nähe von Meilensteinen oder im Rahmen von Sprint Reviews statt und ersetzen die uns allen bekannte Powerpoint-Schlacht, die sonst immer rund um den Meilenstein-Termin im Lenkungsausschuss stattfindet.

Wir empfehlen bei Konsenswerkstätten zur Bedingung zu machen, dass bei der Abstimmung eine hohe Zustimmungsrate erreicht wird, um so

- einerseits eine hohe Verbindlichkeit des Beschlusses herzustellen
- und andererseits bisher nicht kommunizierte Konflikte und Themen aufzudecken.

An einer Konsenswerkstatt nehmen einerseits Vertretern der Teilprojekte teil, die ihr Ergebnis vorstellen, andererseits Vertretern der Linienorganisation, die das Ergebnis akzeptieren und das Tagesgeschäft übernehmen sollen. Diese Zusammensetzung erzeugt in der Regel eine gewisse Gruppendynamik, die in der Vorbereitung berücksichtigt werden muss. **Wir empfehlen daher, sowohl das Parlament als auch die Werkstatt von Moderatoren begleiten zu lassen, die im Umgang mit Gruppendynamik erfahren sind.**

SIE HABEN DAS GEFÜHL, DASS SIE MEHR GRUPPENINTELLIGENZ UND -KONSENS FÜR IHR PROJEKT BENÖTIGEN?
DANN KÖNNEN PROJEKTPARLAMENT UND KONSENSWERKSTATT GUTE ERSTE INSTRUMENTE SEIN. PROBIEREN SIE ES AUS!

VUCA Matrix

Volatilität, Unsicherheit, Komplexität und Ambiguität charakterisieren die Welt, in der sich Projekte heute bewähren müssen. Dennoch – oder vielleicht deswegen? – ist der Wunsch nach klaren, eindeutigen Aussagen, nach exakten Analysen, Prognosen und Rezepten unausrottbar. Die Erkenntnis, dass sich Mitarbeiter, Teams, Bereiche und Unternehmen nicht nach kausalen Regeln steuern lassen, löst bei vielen Projektmanagern Unbehagen aus. So klammern sich noch immer viele Projektleiter an die Hoffnung, dass sie sich auf Strukturen, Spielregeln, Stellenbeschreibungen oder Motivationsrezepte verlassen können. Doch das ist leider weit gefehlt.

Projektmanager stehen heute mehr denn je vor der Herausforderung, dass sie viele Ziele gleichzeitig verfolgen müssen, die sich teilweise widersprechen. So müssen sie z. B. feste Produktanforderungen umsetzen und gleichzeitig agil auf Änderungen reagieren. VUCA gilt dabei als Herausforderung und – zugleich – als Lösungsansatz.

Die gleichzeitige Darstellung dieser vier Kräfte in einer Matrix (der unter Managern immer noch beliebtesten Darstellungsform für Zusammenhänge) ist natürlich viel zu simpel, um die umfassenden Vernetzungen zwischen ihnen darzustellen. Andererseits bietet sie einen ersten Blick auf die „neue Welt", in der Projektmanagement sich heute und künftig bewähren muss.

Dazu ist eine Haltungsänderung notwendig, die sich in diesen Grundzügen skizzieren lässt:

VUCA Matrix

Vorhersehbar	**Komplexität** **„Es kommt immer noch was nach"** Vernetzte Situation mit vielen voneinander abhängigen Variablen, die nur teilweise vorhersehbar ist. Die Auswirkungen der Globalisierung oder Digitalisierung sind ein gutes Beispiel. Obwohl alle Ausgangsvariablen bekannt sind, entsteht ein immer wieder überraschendes Resultat …	**Volatilität** **„Es kommt nicht immer gleich"** Situation mit Variablen, deren Abhängigkeit grundsätzlich bekannt sind, aber im Ergebnis Schwankungen unterliegen. Die Reaktion auf eine Überraschung oder Schock (disruption) ist oft volatil. Preise schießen in die Höhe oder fallen ins Bodenlose …
UN-Vorhersehbar	**Ambiguität** **„Es kommt immer anders"** Situation mit vielen Variablen, deren Zusammenspiel vollkommen unklar ist („unknown unknowns"). Experimente bzw. Prototypen sind ein klassisches Ambiguitätsphänomen, wenn man sich z. B. in einen unbekannten Markt „vortastet" …	**Unsicherheit** **„Wird es auch wirklich so kommen?"** Situation in der die Abhängigkeiten gut bekannt sind, wenn man sich „anstrengt". Prognosen, Planung, Forschung und Entwicklung sind nur einige typische Methoden, mit denen Unsicherheit reduziert wird.
	UN-Gewissheit	Gewissheit

Wenn das Umfeld hoch volatil ist, dann macht Pragmatismus mehr Sinn als Prinzipientreue. Notwendige Änderungen sollten dann rasch, aber in verbindlicher **Kommunikation** erfolgen: **„Mach, was Du willst, aber Du musst darüber sprechen, damit Deine Kolleginnen und Kollegen Bescheid wissen und wiederum selbst darauf reagieren können!“**

Unter hoher Unsicherheit sind harte, richtige Pläne nicht mehr als ein Mythos. Aber deshalb ist Planung nicht gleich obsolet, denn Ziele und Pläne bilden die notwendige Struktur für Kooperation. Mit dem Prinzip des ehemaligen US-Präsidenten Eisenhower; **„Pläne sind unwichtig, aber Planung ist alles“** gilt also, dass Planung an sich heilig ist, aber keinesfalls die Zahlen, Daten und Fakten darin!

Hohe Komplexität bedeutet, dass immer noch etwas nachkommt. Daher sollten Sie sich von der Illusion, ein Projekt sei wirklich steuerbar, schnell verabschieden: Entwickeln Sie stattdessen lieber die Anpassungsfähigkeit des Projektteams an neue Situationen.

Mehrdeutige Situationen sind Alltag im Projektgeschäft, denn es könnte auch immer anders sein oder ausgehen. Bleiben Sie daher wach und neugierig, beobachten Sie den Kontext und begegnen Sie „unvorhersehbaren" Dingen mit fröhlicher Gelassenheit.

MÖCHTEN SIE IN EINER VUCA-SITUATION WEITERHIN HANDLUNGSFÄHIG BLEIBEN UND IHR REPERTOIRE IM UMGANG MIT VOLATILITÄT, UNSICHERHEIT, KOMPLEXITÄT UND AMBIGUITÄT ERWEITERN?

DANN ORDNEN SIE IHRE PROJEKTE ODER TEILASPEKTE IHRES PROJEKTES DOCH EINMAL IN DIE VUCA MATRIX EIN UND ÜBERDENKEN, OB SIE DIE JEWEILS PASSENDE HERANGEHENS-WEISE GEWÄHLT HABEN ODER ETWAS ÄNDERN SOLLTEN.

Canvas

Canvas? Welches Canvas denn genau? Es gibt in der Tat eine große Anzahl an leichtgewichtigen Werkzeugen, die das Wort „Canvas" im Namen tragen. Das sicherlich bekannteste ist das **Business Model Canvas** von Alexander Osterwalder et al. und dessen Variante **Lean Canvas** von Ash Maurya. Auch **Project Canvas'** gibt es in zahlreichen Variationen. Und viele weitere mehr ...

Allen Canvas' gemeinsam ist der **Grundgedanke, die wichtigsten Merkmale einer Idee** (eines Projektes, eines Geschäftsmodells, eines Teams, eines Meetings, ...) **auf einer großen „Leinwand" transparent zu machen**. So kann jeder Beteiligte jederzeit einen Blick darauf werfen, so kann jederzeit darüber gesprochen werden und damit ein gemeinsames Bild entstehen.

Populär geworden sind Canvas' vor allem dort, wo Unsicherheit und Dynamik eine große Rolle spielen: im Rahmen von neuen Geschäftsideen und Startups. Unter hoher Ungewissheit und Dynamik ist ein traditioneller Geschäftsplan mit Wirtschaftlichkeitsprognosen über mehrere Jahre in der Regel nicht das Papier wert, auf dem er gedruckt wird, – geschweige denn den Aufwand zur Erstellung. Im besten Fall wird ein solcher Geschäftsplan einmal erstellt und danach nie wieder angeschaut. Im schlimmsten Fall aber wirkt er sogar toxisch, indem daran trotz neuer Erkenntnisse starr festgehalten wird.

Business Model Canvas

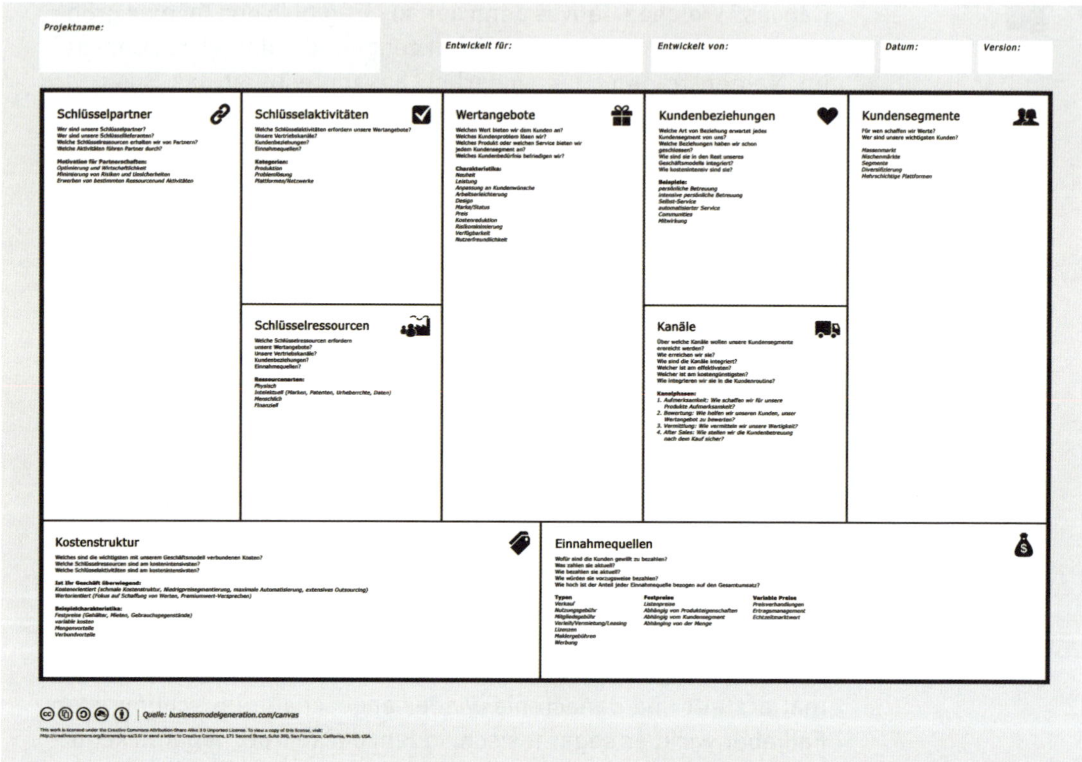

Quelle: © Business Model Canvas nach Strategyzer.com

Ein neues Werkzeug (Canvas statt Geschäfts- oder Projektplan) ändert nicht automatisch die Haltung, kann aber alte Muster brechen und so über verändertes Verhalten eine Veränderung der Haltung erleichtern.

Bei der Verwendung von Canvas' wirken insbesondere die folgenden drei Prinzipien:

Transparenz – Ein traditioneller Plan oder ein klassisches Konzept ist in der Regel ein kompliziertes Dokument mit vielen Seiten Umfang. Oft wird es erstellt, um dann kaum jemals wieder angesehen zu werden. Ein Canvas dagegen hängt für alle auf einen Blick sichtbar an der Wand und lädt dazu ein, darüber zu diskutieren. So entsteht ein gemeinsames Verständnis und es entwickeln sich neue Ideen.

Änderbarkeit – Ein Canvas ist nicht in Stein gemeißelt. Idealerweise schreibt man Informationen nicht direkt auf die Canvas-Fläche sondern nutzt Sticky Notes, die einfach wieder entfernt bzw. durch andere ersetzt werden, wenn neue Erkenntnisse gewonnen wurden. So lässt sich das Canvas jederzeit sehr einfach an neue Erkenntnisse anpassen und zeigt immer den aktuellen Stand.

Unkompliziertheit – In einem Canvas geht es nicht darum, etwaige kausale Zusammenhänge möglichst genau zu modellieren. In einer komplexen Situation käme dies auch eine Sysiphos-Aufgabe gleich und wäre pure Zeitverschwendung. Ein Canvas ist ein einfaches Werkzeug, um wichtige Informationen darzustellen, die dahinterliegende Komplexität wird durch stetige Konversation erschlossen.

Wobei Canvas' nicht aus anscheinend wahllos platzierten Merkmalen mit Fragestellungen bestehen müssen. Das Business Model Canvas ist beispielsweise so aufgebaut, dass es den Wertschöpfungsprozess abbildet: Rechts befinden sich die Informationen zum Ziel, also zu den Nutzern und Kunden. Links befinden sich Lieferanten und Partner sowie eigene Ressourcen. Im Zentrum steht das eigene Wertangebot. Ein solcher Aufbau erleichtert den Zugang zum Canvas und die Arbeit damit.

Sie können für jeden Zweck ein spezielles Canvas (z. B. ein Project Canvas) finden. Oder Sie verwenden einfach das Business Model Canvas, eventuell mit leichten Anpassungen, für Ihre Projekte, Teilprojekte, Teams und sogar für Ihre Regelmeetings. **Schließlich sollte bei allem, was wir tun, Wert für Kunden entstehen, oder?**

HABEN SIE KOMPLEXE/DYNAMISCHE VORHABEN MIT VIELEN BETEILIGTEN? FRAGEN SIE SICH, WIE DIESE „EINFACH" UND DOCH ZWECKMÄSSIG DARZUSTELLEN SIND, SODASS KEINE WESENTLICHEN ASPEKTE VERGESSEN WERDEN UND MIT ALLEN BETEILIGTEN EIN GEMEINSAMES VERSTÄNDNIS ENTWICKELT WERDEN KANN? DANN KANN DIE VERWENDUNG VON CANVAS' SIE EINEN SCHRITT NACH VORNE BRINGEN.

Quellen und Literatur

Stacey Matrix

Stacey, R., Complexity and Creativity in Organizations, 1996

Kreuter, Andreas: Entscheidungsfindung in Reorganisationsprozessen, In: Zeitschrift für Führung und Organisation, 1996

PAVE

Faschingbauer, M., Effectuation: Wie erfolgreiche Unternehmer denken, entscheiden und handeln (Systemisches Management), 3. Auflage, 2017

Wiltbank, R., Dew, N., Read, S., & Sarasvathy, S. D. (2006). What to do next? The case for non-predictive strategy. Strategic management journal, 27(10), 981–998.

Segeln auf Sicht

Hinz, O., Segeln auf Sicht, Das Führungshandbuch für ungewisse Zeiten, 2017

Cynefin

Snowden, D., Cynefin: a sense of time and space, the social ecology of knowledge management. In: C. Despres, D. Chauvel (Hrsg.): Knowledge Horizons: The Present and the Promise of Knowledge Management, 2000

Projektparlament & Konsenswerkstatt

Wohland, G., Wiemeyer, M., Denkwerkzeuge der Höchstleister, 2012

VUCA Matrix

Bennett, N, Lemonie, G. J., What VUCA Really Means for You, Harvard Business Review 01/2014

Canvas

Osterwalder, A., Pigneur, Y., Business Model Generation: Ein Handbuch für Visionäre, Spielveränderer und Herausforderer, 2011

Open PM, Canvas für Projektarbeit, https://www.openpm.info/display/openPM/Canvas

#PM2025 THESE 2

Von **Planarbeit** zu **Pionierarbeit**

Arbeitsbeschaffungsmaßnahmen
Effizienz
Investionsrechnung
Wunscherfüllung
Marktanalyse
Absicherung
Bestehendes verbessern
Terminpläne
Risikovermeidung
Planarbeit
Planung & Umsetzung
Vollauslastung
Wertschöpfung
Mottoziele
Beobachtung
Kleine Schritte
Mut
Pionierarbeit
Kreativität
Effektivität
Disruptive Innovationen
Wetten
Experimente
Lernen
Chancen ergreifen
Exploration

„Die Glühbirne ist nicht das Resultat eines Projektes zur Entwicklung einer optimierten Kerze!"

[in Anlehnung an diverse Quellen]

Entwarnung: Wir werden auch im Jahre 2025 und darüber hinaus noch von Projekten, Projektarbeit und von Projektmanagement sprechen.

Doch unser Verständnis dieser Begriffe wird sich in den kommenden Jahren grundlegend wandeln.

Zum einen sind die Zeiten der „Projektitis", die in manchen Unternehmen noch immer grassiert, hoffentlich bald vorbei: **Nicht jede Aufgabe, die noch nicht im Handbuch der Geschäftsprozesse standardisiert dokumentiert wurde, ist auch automatisch ein Projekt!** Und auch der Trend zu immer größeren Projekten, der in vielen großen Organisationen zu beobachten ist, wird ein Ende finden: Solche Schwergewichte lassen sich in Zeiten steigender Veränderungsdynamik immer schwerer steuern, Budget- und Terminplanüberschreitungen sind der Normalfall.

Zum anderen wird sich der Fokus der Projekte verändern. **Wir arbeiten in Zeiten zunehmender Komplexität und Dynamik** (→ These 1). Zugleich wird der Umgang damit zu einem immer wichtigeren Erfolgsfaktor. Daher wird es künftig weniger darauf ankommen, komplizierte Sachverhalte zu analysieren, eine möglichst optimale Lösung zu konzipieren und diesen Plan dann unter stabilen Rahmenbedingungen effizient abzuarbeiten. **Vielmehr wird es immer**

wichtiger, „Neuland“ zu erkunden und effektive Lösungen für Probleme zu entwickeln, die zu Beginn des Projektes so vielleicht noch gar nicht bekannt waren oder die erst im Laufe des Projektes entstanden sind.

Wir denken, dass die Projektarbeit damit zu ihren Wurzeln zurückkehren und sich darauf fokussieren wird, wofür sie gut geeignet ist: **Pionierarbeit!** In der Norm DIN 69901 ist ein Projekt wie folgt definiert:

„EIN PROJEKT IST EIN VORHABEN, DAS IM WESENTLICHEN DURCH EINMALIGKEIT DER BEDINGUNGEN IN IHRER GESAMTHEIT GEKENNZEICHNET IST, WIE Z. B.: ZIELVORGABE, ZEITLICHE, FINANZIELLE, PERSONELLE ODER ANDERE BEDINGUNGEN, ABGRENZUNGEN GEGENÜBER ANDEREN VORHABEN UND PROJEKTSPEZIFISCHE ORGANISATION.“

Die Autoren der Norm betonten die **„Einmaligkeit“**: **Es geht in Projekten darum, etwas zu machen, dass man so noch nicht gemacht hat und so auch nicht noch einmal machen wird.** Und dazu bedient man sich einer projektspezifischen Organisationsform.

In der Norm ist dagegen keine Rede vom Aufstellen und Abarbeiten eines Plans oder gar von Rollen, Prozesse oder Methoden, die für alle Projekte standardisiert anzuwenden sind.

Für viele ist das **„Wasserfall-Modell"** zum Synonym und zur Vorlage für Projektmanagement im Sinne einer linearen Planabarbeitung geworden. Es entbehrt nicht einer gewissen Komik, dass schon die Erfinder des Wasserfall-Modells darauf hingewiesen hatten, dass der Wasserfall nicht streng linear zu verstehen ist und erst auf Basis eines Prototypen beginnt. Mit anderen Worten: **Die Entwicklung eines Prototypen ist Pionierarbeit unter Bedingungen hoher Komplexität.** Die Weiterentwicklung eines Prototypen bis hin zur Einführung ist dann vor allem kompliziert, also größtenteils planbar, allerdings nie vollständig.

Projekte haben in manchen Kreisen einen schlechten Ruf, was nicht verwundert, wenn man sich die Ergebnisse des CHAOS Reports anschaut. Jedes Jahr veröffentlicht die Standisch Group die Ergebnisse ihrer Erhebung zu Erfolg und Misserfolg von Projekten. **Und Jahr für Jahr sind durchschnittlich nur etwa ein Drittel der Projekte erfolgreich.** Etwa die Hälfte der Projekte wird zwar abgeschlossen, verfehlt aber die gesteckten Ziele hinsichtlich Zeit, Umfang, Kosten, Qualität. Und der Rest der Projekte scheitert, sie werden abgebrochen.

Dass Projekte die zu Beginn gesteckten Ziele verfehlen, ist natürlich für alle Beteiligten ärgerlich. Vielleicht war es aber auch unausweichlich – vielleicht handelte es sich bei den Projekten um Pionierarbeit, um ein wirklich „einmaliges" Projekt im Sinne der Norm. Wie sollte da am Anfang des Projektes, also dann, wenn man am wenigsten weiß, ein realistisches Ziel festgelegt werden?

Und dass Projekte abgebrochen werden, kann ebenfalls ein gutes Zeichen sein: **Warum sollte man ein Projekt fortführen, wenn klar wird, dass es die Erwartungen nicht erfüllen kann?**

In Projekten, in denen es darum geht, etwas Einmaliges zu tun, etwas Neues zu schaffen, also Pionierarbeit zu leisten, braucht es zunächst einmal die Einsicht und Ehrlichkeit, dass man sich in unbekanntes und unsicheres Terrain vorwagen wird. Dann braucht es statt fester Ziele vor allem öffnende Visionen, Mut zu Experimenten und kurze Lernschleifen.

Ein Trend, der in einigen Unternehmen seit einiger Zeit zu beobachten ist, scheint auf den ersten Blick konträr zu unserer These zu wirken: Immer mehr Organisationen schaffen die Trennung nach Funktionen oder Fachbereichen, die auf Routine, Betrieb und Effizienz hin optimiert ist, ganz oder teilweise ab. Stattdessen werden Strukturen geschaffen, in denen selbstorganisierende Einheiten die ganzheitliche Verantwortung tragen – über den gesamten Produktlebenszyklus bzw. über den gesamten Wertschöpfungsprozess hinweg. Braucht es in solchen Organisationen überhaupt noch Projekte? Die laufende Weiterentwicklung eines bestehenden Produktes beispielsweise muss in der Tat nicht als Projekt – jedes Release ein neues Projekt – organisiert werden. Dafür braucht es in der Regel keine projektspezifische Organisation mehr, dies kann in den bestehenden Teams erfolgen.

Doch auf den zweiten Blick untermauert diese Entwicklung unsere These sogar: **Jede Organisation hat früher oder später den Bedarf, echtes Neuland zu erkunden, sich neu zu erfinden.** Dazu werden für einen begrenzten Zeitraum Vorhaben gestartet, um außerhalb der bestehenden Strukturen neue Technologien zu erkunden, gänzlich neue Produktideen zu evaluieren, neue Kundensegmente zu erschließen, ein Startup auszugründen etc.: Man könnte solche Vorhaben durchaus „Projekte" nennen. Dabei besteht allerdings der Unterschied, dass das Projektteam nach einem erfolgreichen Projekt nicht zwangsläufig aufgelöst wird. Vielmehr kann es bestehen bleiben, um das Ergebnis weiterzuentwickeln und zu betreuen. Die Organisation verändert sich so emergent auf Basis erfolgreicher Projekte. Und es wird auch weiterhin jene Projekte geben, in denen große, komplizierte Vorhaben ganz klassisch geplant und durchgeführt werden.

Wir denken, dass es künftig weniger Projekte geben wird, da man sich in Zukunft wieder auf die wirklich einmaligen Projekte konzentrieren wird. Und wir hoffen, dass die verbleibenden Projekte nicht über einen Kamm geschert, sondern individuell betrachtet und organisiert werden. Wir achten auf den Unterschied: Komplizierte Vorhaben, die sich zur Abarbeitung nach Plan eignen und komplexe Themen, die als Pionierarbeit bearbeitet werden.

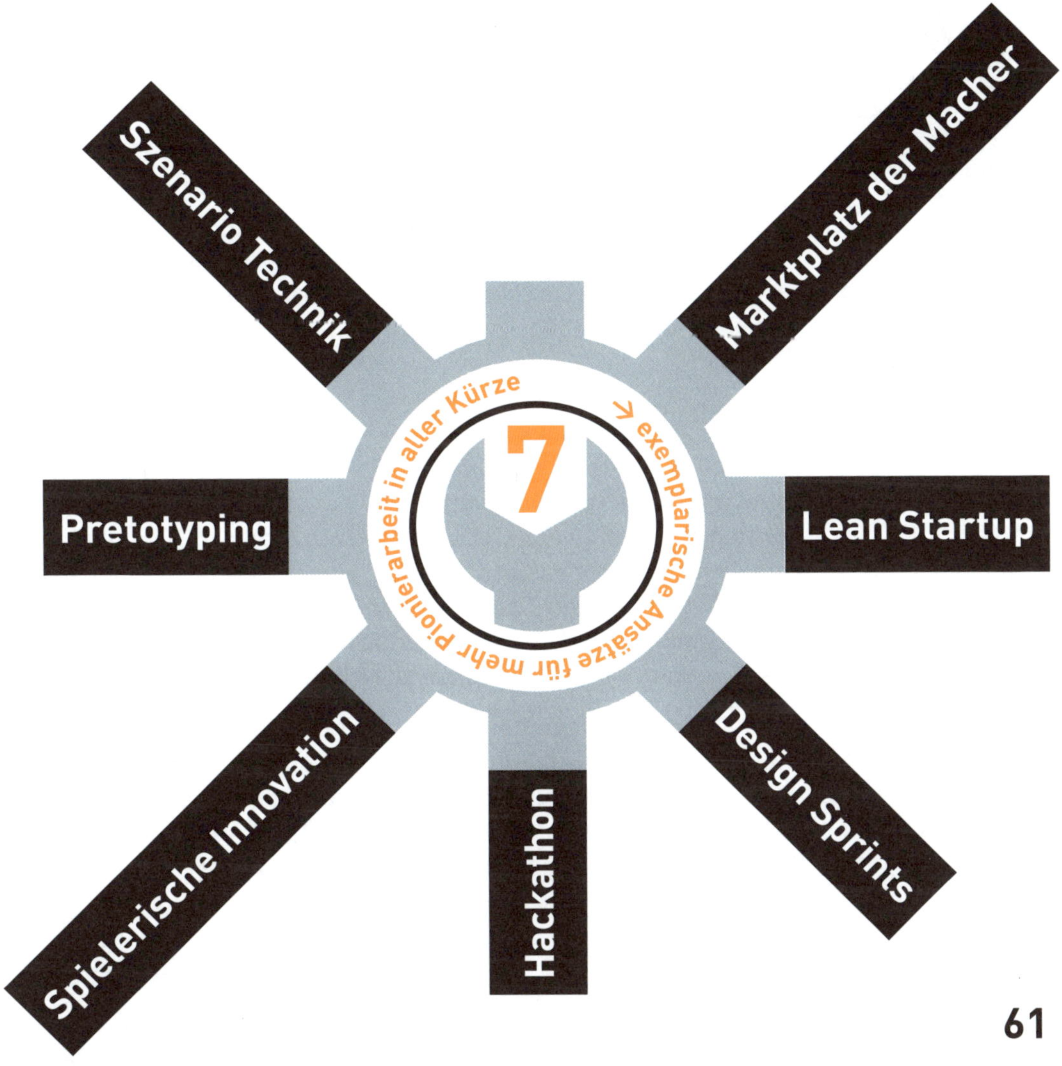
Szenario Technik
Marktplatz der Macher
Pretotyping
Lean Startup
7
exemplarische Ansätze für mehr Pionierarbeit in aller Kürze
Spielerische Innovation
Hackathon
Design Sprints

Marktplatz der Macher

Dieses Großgruppenformat basiert auf Erkenntnissen der → **Effectuation**-Forschung. **Es geht darum, Ideen sichtbar zu machen, die besten und am besten umsetzbaren Maßnahmen auszuwählen, verlässliche Partnerschaften (Teams) zu bilden und möglichst schnell ins Handeln zu kommen.**

Der Ablauf

Setup: Im ersten Schritt werden die „Leitplanken" definiert, also die **Denkrichtung** abgesteckt. Dabei hat es sich bewährt, das Ziel zu Beginn nicht zu konkret zu definieren. Ganz im Gegenteil wird möglichst konkret das beschrieben, was gerade nicht Thema sein soll. Zudem werden Spielregeln vereinbart, um z. B. den Fokus aller Beteiligten auf unternehmerisches Denken anstelle von klassischer Controlling-Denkweise zu richten.

Mittelanalyse: Im zweiten Schritt analysiert jeder Teilnehmer seine **eigenen Mittel**, die ihm für die anstehende Pionierarbeit zur Verfügung stehen. Dabei geht es um die eigene Identität, um Werte, Präferenzen, Fähigkeiten, Erfahrungen, Wissen und auch um eigene Kontakte und Netzwerk. (→ **Mittelinventar**)

Handlungsoptionen: Im dritten Schritt entwickelt jeder Teilnehmer innerhalb der definierten Leitplanken **konkrete Ideen**. Dabei verwendet er die in Schritt 2 identifizierten eigenen Mittel als Grundlage. Es geht hierbei gerade nicht darum, möglichst brillante, visionäre oder verrückte Ideen zu produzieren sondern möglichst solche, die man mit den eigenen Mitteln praktisch angehen kann.

Marktplatz: Der vierte Schritt, das Kernstück des Formats, ähnelt einem unternehmerischen Speed-Dating: Für jeweils 10 Minuten treffen sich zwei Personen und stellen sich gegenseitig die eigenen Ideen vor. **Ziel ist es, Partner für die eigenen Ideen zu gewinnen und verbindliche Vereinbarungen zu treffen**: Neue Partner bringen dabei neue Mittel in das Vorhaben ein, vielleicht aber auch neue Richtungen und Zielvorstellungen.

Nach Ablauf der 10 Minuten treffen sich neue Paare zum Dialog. Manche Ideen finden keine Mitstreiter, manche gehen in ähnlichen Vorhaben auf, aber einige finden viele Partner und entwickeln sich somit zu konkreten Vorhaben.

Startschuss: Im fünften Schritt werden die gereiften **Ideen im Plenum** vorgestellt. Dabei liegt der Fokus auf jenen Ideen, die die meisten Unterstützer gefunden haben. Damit ein Vorhaben wirklich angegangen wird, braucht es einen Treiber und die verbindliche Zusage ausreichend vieler Unterstützer. Die Vorhaben mit den meisten Unterstützern und der meisten Energie werden weiterverfolgt.

Abschließend finden sich die Teams der ausgewählten Ideen zusammen, klären ihre Rollen und planen die nächsten konkreten Schritte. Da es um Pionierarbeit geht, wird nicht langfristig geplant sondern „auf Sicht": also die nächsten zweieinhalb Schritte, die direkt angegangen werden können.

Für das Design solcher Vorhaben als → Experimente haben sich die folgenden Leitplanken bewährt:
handeln statt analysieren
konkret Machbares statt vage Visionen
nur das einsetzen, was man zu verlieren bereit ist
scheitern (und daraus lernen) ist erlaubt

Die ausgewählten Vorhaben werden transparent gemacht und ein gemeinsamer Review-Termin festgelegt. Das schafft Verbindlichkeit und die Möglichkeit, aus Erfolgen und aus Scheitern gemeinsam zu lernen.

SIE AHNEN, DASS ES VIELE GUTE IDEEN IN DEN KÖPFEN IHRER KOLLEGINNEN UND KOLLEGEN GIBT? SIE SPÜREN, DASS DIE MOTIVATION UND DAS ENGAGEMENT SINKT, WENN DIE IDEEN WEDER WAHRGENOMMEN NOCH ANGEGANGEN WERDEN? SIE SUCHEN NACH EINEM LEICHTGEWICHTIGEN FORMAT, UM IDEEN SICHTBAR ZU MACHEN UND DIE BESTEN IDEEN DIREKT ANZUGEHEN? DANN KÖNNTE DER MARKTPLATZ DER MACHER EIN GEEIGNETES FORMAT SEIN, UM ENERGIE FREIZUSETZEN UND DIREKT INS HANDELN ZU KOMMEN!

Lean Startup steht für den Ansatz, bei der Gründung eines Unternehmens („Startup“) bei hoher Unsicherheit und Komplexität – also bei echter Pionierarbeit – möglichst schlank („lean“) vorzugehen. Dabei steht Lean Startup als Sammelbegriff für eine große Vielfalt an Ansätzen und Methoden: vom sehr detailliert beschriebenen Customer Development-Prozess über Methoden wie Business Model Generation bis hin zu Adaptionen für Innovationen in großen Unternehmen.

Der Kern des Lean Startup-Ansatzes ist das Geschäftsmodell: ausgehend vom Produkt oder von der Dienstleistung, alles was dazu gehört, um am Markt erfolgreich zu sein. Im Fokus steht dabei der Kunde bzw. der Nutzer und die Nutzerbedürfnisse sowie der eigene Wertbeitrag zur Lösung von konkreten Problemen.

Das Vorgehen von der Idee bis zum erfolgreichen Geschäftsmodell erfolgt in kleinen, iterativen Schritten – dabei ist die Denkhaltung entscheidend: Jede Idee, jedes Konzept ist zunächst nur eine Annahme oder Hypothese, so lange bis sie durch ein **→ Experiment** validiert wurde.

Dargestellt wird dies im Kreislauf: **BUILD – MEASURE – LEARN – ...**

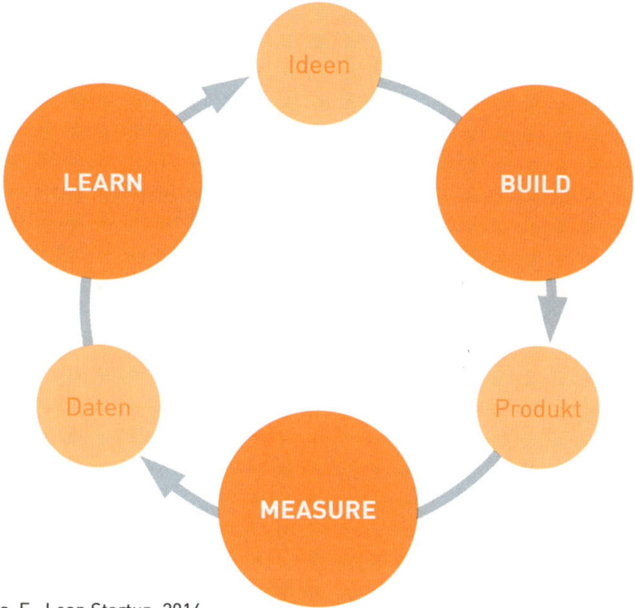

nach Ries, E., Lean Startup, 2014

Basierend auf einer Idee „baut“ man also ein Produkt oder führt ein möglichst reales Experiment durch, um Annahmen zu validieren und Sicherheit zu gewinnen. Die Ergebnisse „misst“ man und „lernt“ aus den gewonnenen Daten, indem man die ursprüngliche Idee anpasst und eine neue Version des Produktes baut, misst, lernt usw.

Die folgende Abbildung zeigt die typischen Stufen, die ein Geschäftsmodell im Rahmen des Lean Startup-Ansatzes durchläuft.

Lean Business Innovation

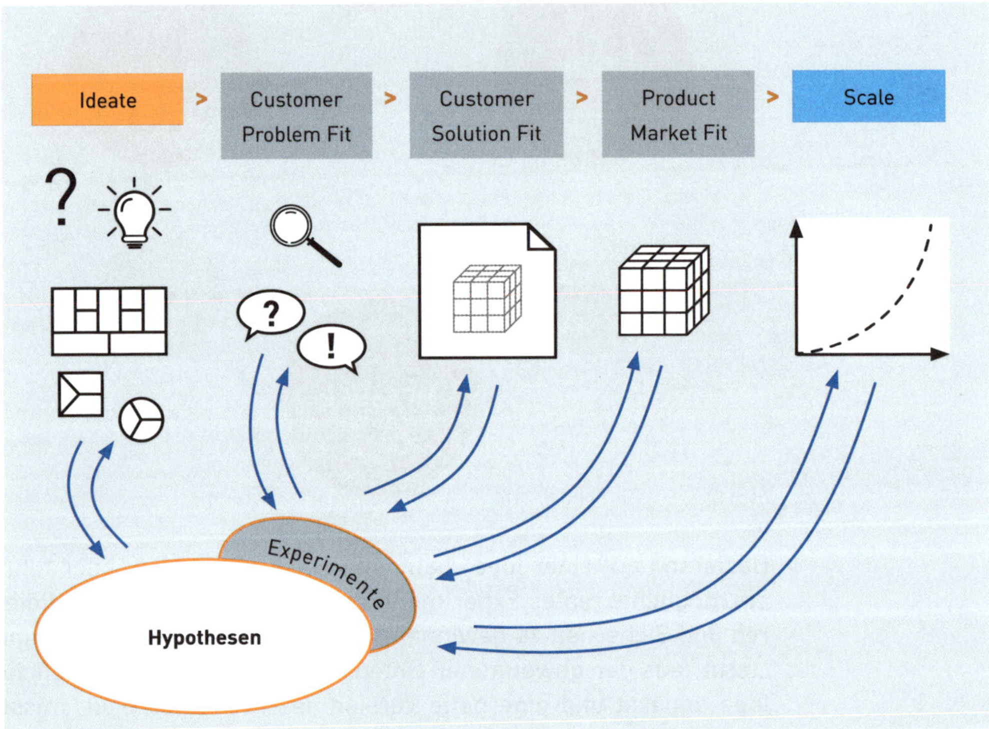

Ideate: Als Grundlage für das weitere Vorgehen wird zunächst das **Geschäftsmodell** initial entworfen. Dazu werden oft Methoden wie das Business Model und das Value Proposition → **Canvas** verwendet. Dabei ist es wichtig zu verinnerlichen, dass das Modell in dieser Phase fast ausschließlich auf Annahmen und Hypothesen also auf Erfahrungen, Vermutungen und sogar reinem Wunschdenken basiert. Diese werden in den nächsten Stufen Schritt für Schritt durch zielgerichtete → **Experimente** validiert.

Customer Problem Fit: Anschließend geht es darum, die Zielgruppe und deren Probleme zu erkunden und die eigenen Annahmen zu validieren: **Was genau ist das Problem, das gelöst werden soll? Wie wichtig ist das Problem für die Kunden?** Die Erkenntnisse fließen zurück in das Geschäftsmodell, oder anders gesagt: Das Geschäftsmodell und die Hypothesen werden entsprechend angepasst.

Problem Solution Fit: Wenn die Kunden und deren Probleme verstanden sind, geht es darum herauszufinden, ob die angedachte Lösung – also das eigene Produkt oder die Dienstleistung – aus Sicht der Zielgruppe zur Lösung ihres Problems geeignet ist: **Passt unsere Lösung zum identifizierten Problem?** Auch diese Erkenntnisse fließen zurück in das Geschäftsmodell.

Product Market Fit: Wenn die Lösung zu den relevanten Problemen der Zielgruppe passt, wird es konkret: **Es gilt zu testen, ob die Zielgruppe das Angebot wirklich annimmt**, also nutzt, und ob damit auch die erwarteten Einnahmen zu erzielen sind, also ob und wieviel die Kunden tatsächlich dafür zahlen. Auch hieraus ergeben sich i. d. R. neue Erkenntnisse, die eine Anpassung des Geschäftsmodells notwendig machen. Dabei kann es durchaus vorkommen, dass neue Hypothesen für **Customer Problem Fit** oder **Problem Soulution Fit** formuliert und überprüft werden müssen, bevor man das Geschäftsmodell zu skalieren beginnt.

Scale: Ist ein tragfähiges Geschäftsmodell gefunden, geht es darum, **das Angebot durch weitere Services oder Funktionen zu erweitern** und skalierbare Strukturen aufzubauen, z. B. indem man die Vertriebskanäle optimiert, interne Abläufe automatisiert oder Teilschritte der Wertschöpfung auslagert.

Bei den ersten vier Stufen steht **Effektivität** im Fokus der Experimente: um die richtige Zielgruppe, das richtige Problem, die richtige Lösung und das richtige Angebot zu finden. Erst in Stufe fünf geht es vermehrt auch um **Effizienz** – also darum, mit möglichst geringem Einsatz möglichst hohe Einnahmen zu erzielen.

Die Stufen bauen aufeinander auf: Es ist riskant, eine Stufe zu überspringen und wenn man sich nicht voll auf die aktuelle Stufe konzentriert, kann man leicht ins Stolpern geraten.

Und auf jeder Stufe kann es neue Erkenntnisse geben, die neue Fragen aufwerfen und es erforderlich machen, eine oder mehrere Stufen zurück zu gehen und dort noch einmal wichtige Annahmen zu überprüfen. Manchmal muss man einen Schritt zurück gehen, um nicht in eine Sackgasse zu laufen.

Die Haltung hinter Lean Startup lässt sich auf den Punkt bringen durch ein zentrales Prinzip: → **Get out of the Building!** Mit anderen Worten: Im Elfenbeinturm lassen sich tolle neue Angebote konzipieren. Ob es dafür aber einen Markt gibt, das findet man nur heraus, indem man mit den potenziellen Kunden interagiert.

STARTEN SIE ETWAS GÄNZLICH NEUES? MÖCHTEN SIE ECHTE PROBLEME EINER ZIELGRUPPE LÖSEN? MÖCHTEN SIE EIN NEUES PRODUKT/EINE NEUE DIENSTLEISTUNG ERFOLGREICH AUF DEN MARKT BRINGEN? MÖCHTEN SIE EINEN NEUEN MARKT ERSCHLIESSEN ODER GAR NEU ERSCHAFFEN?

DANN LOHNT SICH EIN TIEFERER BLICK AUF LEAN STARTUP ALS VORGEHENSMODELL UNTER UNSICHERHEIT UND DYNAMIK!

Design Sprints

Sprints sind in! Nicht nur die Iterationen in → **Scrum** tragen diesen Namen, der Dynamik verspricht. Inzwischen wurde das Konzept auch für andere Vorgehen adaptiert. So gibt es inzwischen mindestens zwei Adaptionen: „Lean Sprints" aus dem → **Lean Startup-Kontext** sowie „Design Sprints", eine kompakte Anwendung des Design Thinking-Ansatzes.

Über Design Thinking gibt es bereits vielfältige Literatur. Wir möchten an dieser Stelle mit **Design Sprints** eine Adaption aus dem Hause Google Ventures näher vorstellen, die Sie aufgrund ihrer Kompaktheit besonders einfach in Ihren Projekten einsetzen können:

Vor Start eines Design Sprints wird das Handlungsfeld festgelegt: **Was ist die Zielgruppe, welches Problemfeld gilt es zu lösen?** Nachdem ein dazu passendes und für fünf Tage in Vollzeit verfügbares, multidisziplinäres Team, ein Raum sowie ein Entscheider und ein versierter Moderator/Coach gefunden wurde, läuft ein Design Sprint folgendermaßen ab:

Montag: eine Vision erarbeiten, Problem analysieren, Experten interviewen und basierend auf den Erkenntnissen den Fokus des Sprints schärfen

Dienstag: vorhandene Lösungen und Inspiration aus anderen Themenbereichen zusammentragen, Ideen neu kombinieren und Lösungen skizzieren

Mittwoch: Lösungsskizzen vorstellen, eventuell noch einmal neu kombinieren, die beste auswählen sowie den Prototypen vorbereiten und konzipieren

Donnerstag: den Prototypen mit Fokus auf eine möglichst reale Benutzeroberfläche und Interaktionsmöglichkeit erstellen, echte Funktionalität ist nicht notwendig

Freitag: den Prototypen durch fünf Anwender testen lassen und diese befragen, anschließend Ergebnisse auswerten, lernen und nächste Schritte planen

So haben Sie bereits nach einer Arbeitswoche wertvolle Erkenntnisse über Ihre Zielgruppe, deren Bedürfnisse und konkrete Probleme gewonnen sowie Lösungen abgeleitet, konkret umgesetzt und bereits konkret getestet. Sie können einen Design Sprint zu Beginn Ihres Projekts einsetzen, um schnell Erkenntnisse zu gewinnen und mit Ihrem Team ins gemeinsame Handeln zu kommen. Und auch in länger laufenden Vorhaben kann ein Design Sprint immer wieder als gezielter Impuls eingesetzt werden.

Eines der zentralen Grundprinzipien hinter allen Sprint-Ansätzen ist die jeweils **kurze und feste Zeitspanne** (die so genannte **„Timebox“**), in der konkrete Ergebnisse erarbeitet werden. Die Timebox ist fix, das Vorgehen und die Inhalte werden daran ausgerichtet (ähnlich dem Ansatz „Design to Budget“), nicht umgekehrt. Dadurch werden Entscheidungen forciert und die Planung vereinfacht. **Sprints in Scrum dauern eine bis vier Wochen** und liefern jeweils lauffähige Produktversionen. **Lean Sprints dauern zwei oder drei Wochen** und dienen in den frühen Phasen einer Innovation dazu, Hypothesen durch → **Experimente** gezielt zu validieren. Bei einem Design Sprint wird innerhalb von fünf Tagen ein Problem der Zielgruppe analysiert und eine konkrete Lösung getestet.

SIE MÖCHTEN SCHNELLER INS HANDELN KOMMEN UND IN EINEM ÜBERSCHAUBAREN ZEITFENSTER KONKRETE UND GREIFBARE ERGEBNISSE ERZIELEN?

DANN KANN EIN SPRINT-ANSATZ NACH DEM TIMEBOX-PRINZIP HELFEN: DESIGN SPRINTS, LEAN SPRINTS, → **SCRUM** SPRINTS – ODER SIE KONZIPIEREN IHREN EIGENEN, ZU IHRER HERAUSFORDERUNG PASSENDEN SPRINT-ANSATZ.

Pretotyping

Nein, uns ist kein Schreibfehler unterlaufen: „Pretotyping“ schreibt sich bewusst anders als „Prototyping“, um einen anderen Fokus zu setzen. Unter Prototypen versteht man oft eine erste funktionierende Version eines Produktes, mit der die technische Machbarkeit evaluiert wird. **Unter „Pretotypen“ versteht man dagegen frühe Prototypen, bei denen nicht die technische Machbarkeit, sondern zunächst die Reaktion durch die Nutzer evaluiert wird.** So findet man heraus, ob die Nutzer ein Interesse an der Lösung haben. Erst bei einer positiven Reaktion lohnt es sich, die technische Machbarkeit zu prüfen bzw. eine Lösung zur Umsetzung zu finden. Eine technisch machbare Lösung zu entwickeln, die auf kein Nutzerinteresse stößt, ist nämlich nicht nur teuer sondern auch völlig nutzlos.

Alberto Savoia definiert Pretotyping wie folgt: „**Das Testen der anfänglichen Anziehungskraft und der tatsächlichen Nutzung eines potenziellen neuen Produktes durch die Simulation seiner Haupteigenschaften mit dem geringstmöglichen Aufwand an Zeit und Geld.**“ Es geht darum herauszufinden, ob es Kunden für die eigene Lösung gibt, „indem man sehr vereinfachte, zusammengebaute oder virtuelle Versionen des Produktes fertigt“, bevor man die komplett funktionsfähige Lösung umsetzt.

Im → **Lean Startup**-Prozess werden Pretotypen demgemäß in den frühen Phasen eingesetzt, um mit geringem Aufwand elementare Hypothesen zu den Nutzerbedürfnissen und zum eigenen Wertangebot zu validieren. Erst danach wird eine funktionsfähige Lösung umgesetzt.

Einige typische Pretotyping-Ansätze sind:

Haptische Pretotypen aus Papier, Holz, 3D-Druck etc.: Ein Beispiel dafür ist die Geschichte, wie der Erfinder des Palm Pilots seine Idee testete. Um das Interesse von potenziellen Nutzern eines digitalen Notizbuchs zu evaluieren, bastelte er eine Attrappe. Diese nutzte er dann in der Öffentlichkeit so als ob sie wirklich funktionierte. Da er oft neugierig darauf angesprochen wurde, was er da mache und wo man das Gerät kaufen könne, war er sich sicher, dass es einen Markt für seine Idee geben würde und machte sich an die Umsetzung.

Um-etikettierte Pretotypen: Versehen Sie ein bestehendes Produkt mit einem neuen Etikett, also beispielsweise die aktuelle Version mit den Eigenschaften der nächsten Generation und testen Sie so die Resonanz ihrer Kunden.

Video-Pretotypen: Dropbox veröffentlichte ein Video, das die Funktionsweise und die einfache Handhabung ihrer Lösung zeigte, bevor die Lösung überhaupt entwickelt war – **„Fake it before you make it"**. Die Resonanz von potenziellen Nutzern und Investoren war überwältigend, und so wurde die Lösung sehr erfolgreich umgesetzt.

Website-Pretotypen: Es ist sehr einfach, Webseiten mit der Beschreibung (Text, Schaubilder, Fotos, Videos etc.) für neue Angebote zu erstellen, die so noch gar nicht existieren, um die Resonanz der Zielgruppe zu testen. Verschicken Sie den Link an Ihre Zielgruppe, schalten Sie gezielt Werbung in Suchmaschinen, auf passenden Blogs oder in Sozialen Netzwerken und messen Sie die Zugriffszahlen – mit einem A/B-Test können Sie direkt Varianten miteinander vergleichen. Gehen Sie einen Schritt weiter und fragen Sie die Interessenten nach ihrer E-Mail-Adresse, wenn sie weitere Informationen zum Angebot erhalten möchten. Oder verkaufen Sie das neue Produkt, bevor Sie es fertigstellen, z. B. über → **Crowdfunding**-Kampagnen.

Crowdsourcing-Pretotypen: Ein Pretotyp kann durchaus funktionsfähig und nutzbar sein, ohne dass sämtliche Funktionalitäten bereits vollständig technisch umgesetzt wurden. Beispielsweise lassen sich viele Funktionen, die später automatisiert ablaufen sollen, zunächst manuell realisieren. Dabei können Crowdsourcing-Plattformen helfen, über die Aufgaben an manuelle Umsetzer vergeben werden können.

SIE HABEN IDEEN FÜR INNOVATIVE PRODUKTE? SIE WISSEN ABER NICHT, OB ES WIRKLICH EINEN MARKT DAFÜR GIBT? SIE SCHEUEN SICH DAVOR, VIEL ZEIT UND GELD IN PROTOTYPEN ZU INVESTIEREN? SIE HABEN SCHON ERLEBT, DASS PROTOTYPEN IMMER WEITER ENTWICKELT WURDEN, OHNE DASS JEMALS EIN MARKTFÄHIGES ANGEBOT AUS IHNEN WURDE?

DANN KÖNNTEN PRETOTYPEN EINE SCHLANKE ALTERNATIVE SEIN!

Spielerische Innovation

Im Hinblick auf die Pionierarbeit von morgen möchten wir Ihnen **zwei spielerische Techniken** vorstellen, mit deren Hilfe Sie Ihre Innovation prüfen, fokussieren und weiterentwickeln können, bevor Sie mit der Umsetzung beginnen:

Product Box

Jemand hat eine Idee für ein neues (oder verbessertes) Produkt bzw. für eine Dienstleistung oder einen Prozess. Diese stellt er einer Gruppe mit potenziellen Nutzern bzw. Kunden vor. (Sie können dieses Spiel natürlich auch ohne echte Nutzer oder Kunden spielen, indem ein Teil Ihres Teams deren Perspektive einnimmt.) Die Vorstellung der Produktidee kann beispielsweise mithilfe eines Business Model → **Canvas** erfolgen.

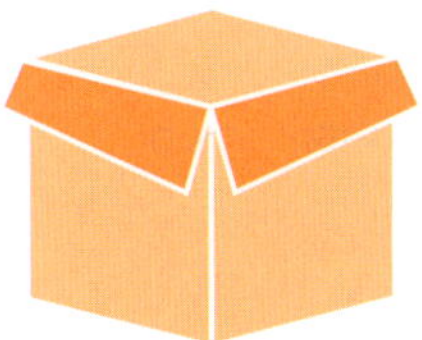

Die Kunden hören zu und erhalten anschließend **die Aufgabe, gemeinsam eine Produktverpackung für dieses neue Produkt so zu entwerfen**, dass sie es im Laden kaufen würden. Dabei lässt man der Kreativität freien Lauf, es darf geschrieben, gezeichnet und gebastelt werden. Hilfreich sind zudem Zeitschriften mit vielen Fotos, die inspirieren und auf die Box geklebt werden können.

Im Anschluss präsentiert die Kundengruppe die fertige Box bzw. **preist das Produkt mithilfe der Box an**. Der Ideengeber hört zu und erfährt so, welche Eigenschaften des Produktes bei den

Nutzern im Gedächtnis geblieben sind bzw. als besonders und kaufentscheidend angesehen wurden. Manche Funktionen wurden vielleicht ganz anders verstanden, vielleicht sind den Kunden sogar neue Funktionen eingefallen, die für sie kaufentscheidend wären.

Mögliche Varianten sind das Entwerfen eines Werbeplakats, eines Produkt-Flyers oder die prototypische Umsetzung einer Website.

Buy a Feature

Hier geht es eine Ebene tiefer: Ein Projektleiter steht oft vor der Herausforderung, die Anforderungen an den Projektgegenstand zu priorisieren. Gerade unter Ungewissheit versagen klassische Instrumente wie ROI, da die dazu benötigte Datengrundlage nicht valide oder noch gar nicht vorhanden ist. **Eine spielerische Option ist es, potenzielle Nutzer und Kunden einzuladen und ihnen die möglichen Funktionen, die es zu priorisieren gilt, kurz vorzustellen.** Dabei erhält jede Funktion auch ein Preisschild, abgeleitet von einer vorherigen Aufwandsschätzung.

Jeder Nutzer/Kunde erhält nun Spielgeld, mit dem er sich seine wichtigsten Funktionen kaufen kann. Niemand hat genug Budget, um sich die teuersten Funktionen allein zu kaufen, es müssen sich mehrere Kunden zusammentun und sich dazu miteinander austauschen. So erfährt man viel über die **Bedürfnisse und Prioritäten** der potenziellen Kunden.

Unter Begriffen wie **„Gamestorming"**, **„Innovation Games"** u.a. finden Sie weitere spielerische Methoden. Mit diesen Techniken können Sie die in den Köpfen schlummernden Ideen zum Vorschein bringen, durch Interaktion im Team zu neuen Ideen kombinieren und weiterentwickeln.

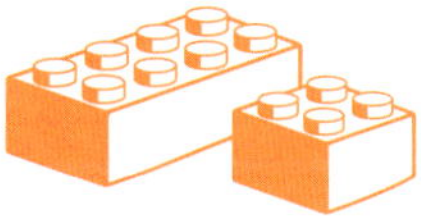

Nicht ohne Erwähnung bleiben soll der **Einsatz von Lego™-Steinen**. Dies ist eine beinahe universell einsetzbare Technik, um **„mit den Händen zu denken"**. Durch das Bauen mit den bekannten Steinen werden andere Hirnregionen aktiviert, als beim Schreiben eines Konzeptes: Allein dadurch entstehen neue Perspektiven und kreative Lösungen. Vor allem aber laden die Bauwerke zur Interpretation und damit zur Kommunikation ein.

Wichtig bei allen spielerischen Techniken: Es geht nicht um perfekte Abbildungen, auch nicht um möglichst kreative Entwürfe. **Es geht vielmehr darum, Ideen auf ungewohnte Art und Weise sichtbar zu machen und dadurch die Konversation anzuregen.** Dadurch entstehen neue Erkenntnisse bei allen Beteiligten.

HABEN SIE SCHON SÄMTLICHE GÄNGIGEN KREATIVITÄTSTECHNIKEN AUSPROBIERT? DOCH DIE WIRKUNG VERPUFFT OFT SCHON BEIM VERLASSEN DES MEETINGRAUMS?
SPIELERISCHE ANSÄTZE KÖNNEN FRISCHE IMPULSE SETZEN UND NEUE PERSPEKTIVEN ERÖFFNEN! TRAUEN SIE SICH!

Hackathon

Ein Hackathon (zusammengesetzt aus den Begriffen „to hack“ und „Marathon“) beschreibt eine **Veranstaltung, bei der innerhalb einer vorab festgelegten Zeitspanne gemeinsam neue (Software-) Prototypen entwickelt wird.**

Es geht darum, möglichst schnell möglichst weit zu kommen, möglichst konkrete und „anfassbare“ Ergebnisse zu entwickeln. Der Ergebniskorridor ist entweder offen oder es gibt ein übergeordnetes Thema, zu dem neue Lösungen entwickelt werden sollen.

Ein Hackathon kann dabei einen Tag („Hack Day“) oder mehrere Tage bis hin zu einer Woche dauern. Die Teilnahme ist in der Regel freiwillig: Teilnehmen können alle Interessierten, auch aus Bereichen, die üblicherweise nicht direkt an der Softwareentwicklung beteiligt sind. Für den gemeinsamen kreativen Prozess sind unterschiedliche Perspektiven förderlich – wobei der Teilnehmer-Schwerpunkt üblicherweise auf Entwicklern, Designern und Co. liegt.

Ein typischer Ablauf beginnt mit der Ideenfindung: Entweder bringen die Teilnehmenden bereits konkrete Ideen zur Umsetzung mit oder man startet mit einer passenden Kreativitätstechnik, um gemeinsam Ideen zu finden.

Anschließend werden die Umsetzungsteams gebildet: Auch hier sind viele Techniken anwendbar, oft gibt es eine → **Projektmarkt**, auf dem die Ideengeber ihre Ideen vorstellen und passende Teammitglieder suchen. Es kann sinnvoll sein, darauf zu achten, dass sich nicht ausschließlich Teams zusammenfinden, die auch sonst eng zusammenarbeiten. So stellt man eine gute Durchmischung sicher und ermöglicht neue Vernetzungen.

Wenn sich die Teams gefunden haben, beginnt die eigentliche Umsetzung. Dabei organisieren sich die Teams innerhalb der Rahmenbedingungen selbst. **Es sollten genügend Räume bzw. Arbeitsplätze zur Verfügung stehen** sowie die notwendigen Ressourcen (Entwicklungsumgebungen, Tools etc.) für die Teams. Um kreative Lösungen zu fördern, können sonst übliche Restriktionen und Rahmenbedingungen gelockert und neue Optionen (z. B. Zugang zu anderen Systemen) geöffnet werden.

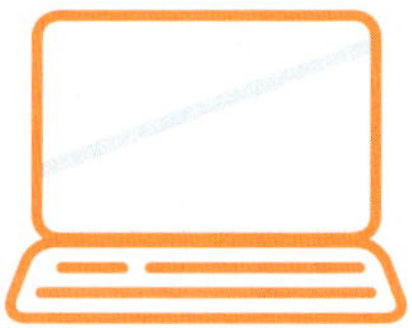

Zum Abschluss präsentieren alle Teams ihre Ergebnisse – idealerweise lauffähige Prototypen – und ernten dafür Anerkennung und Feedback von den anderen Teams und anderen Interessierten (zum Beispiel vom Management oder von Stakeholdern aus angrenzenden Bereichen). Manchmal werden die besten Ideen und Umsetzungen auch prämiert, beispielsweise durch eine Experten-Jury.

Es gibt Formate mit sehr ähnlichem Setting aber etwas anderem Fokus: Beispielsweise kann der Fokus auf der schnellen Entwicklung und Validierung eines innovativen Geschäftsmodells liegen, wobei ein Produkt-Prototyp dann nur ein mögliches Ergebnis-Element darstellt. Auch lassen sich mithilfe von 3D-Druckern und anderen Werkzeugen innerhalb kurzer Zeit auch Hardware-Prototypen entwickeln. Oder der Fokus liegt auf der Entwicklung neuer Prozesse oder Dienstleistungen/Services bzw. „Concierge-Prototypen".

Wichtig ist, dass ein Hackathon nicht als Alibi-Aktion eingesetzt wird, in der man „mal kreativ sein" darf, danach aber bitte wieder nur das machen, was die Hierarchie vorgibt und was in der Stellenbeschreibung steht. Nehmen Sie den Prozess und die entwickelten Lösungen ernst: **Innovative Ideen sollten aufgenommen und weiterentwickelt werden.** Erklären Sie, warum andere Ideen nicht weiterverfolgt werden. Beobachten Sie die Akteure in ungewohnten Rollen und fördern Sie neu entdeckte Potenziale.

FRAGEN SIE SICH MANCHMAL, WIEVIEL INNOVATIONS-POTENZIAL IN IHREM UNTERNEHMEN UNENTDECKT SCHLUMMERT UND WIE SIE ES AUFDECKEN UND NUTZEN KÖNNEN?

EIN GUT VORBEREITETER UND MODERIERTER HACKATHON KANN IHNEN VIELE NEUE ERKENNTNISSE UND SOGAR DIREKT GANZ KONKRETE INNOVATIONEN LIEFERN! PROBIEREN SIE ES AUS!

Szenario Technik

„Prognosen sind schwierig, vor allem, wenn sie die Zukunft betreffen" ist ein Bonmot, das natürlich stimmt, aber andererseits sollte es keine Ausrede dafür sein, sich nicht mit Zukunft zu beschäftigen.

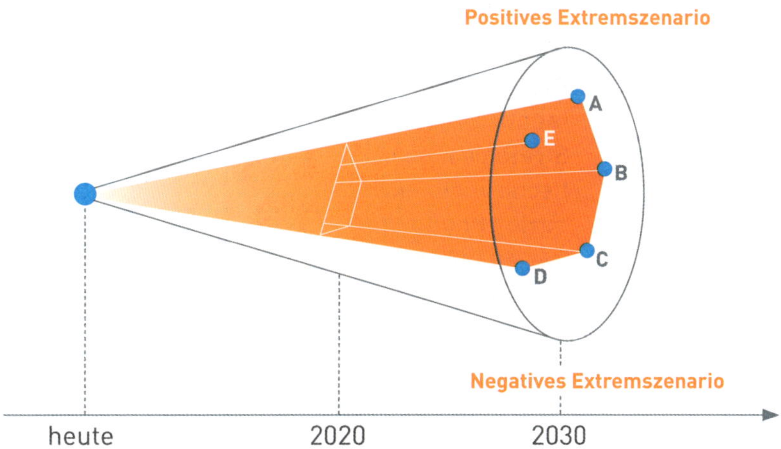

Die Szenario Technik ist ein ursprünglich aus dem Militär stammender **Methodenmix, der die Kommunikation unter Ungewissheit fördert.** Der **Szenariotrichter** zeigt gut, worum es geht: Mit steigender zeitlicher Perspektive fächert sich die Zahl der denkbaren Alternativen auf, und die Ungewissheit in der Entscheidungsfindung nimmt zu. Diesem Prognoseproblem nähert man sich dann ganz pragmatisch, indem man nicht mehr die eine – aller Wahrscheinlichkeit nach falsche – Entscheidung trifft, sondern einen Korridor von möglichen Entscheidungen näher untersucht.

Dazu nutzt man alte Bekannte aus den Bereichen Risikomanagement, Umfeld- und Stakeholderanalyse, Bewährtes aus der Strategieentwicklung und Entscheidungsforschung sowie statistische Tools und Simulationen. **Der Erfolg eines wirksamen Szenarios liegt dabei im Prozess, d. h. im zeitlich sinnvoll verknüpften Methodeneinsatz und in der Kommunikation während der Szenario-Entwicklung**, und weniger in den eingesetzten Methoden selbst.

Von einfachen, Papier-und-Bleistift-basierten Formen bis hin zu hochkomplexen computergestützten Modellen ist alles möglich. Der Kernprozess aller Szenario-Techniken ist aber sehr ähnlich:

1. Ist-Situation analysieren

Zunächst wird eine Fragestellung festgelegt, die für die Zukunft des Projektgegenstandes wichtig ist. Das Projektteam einigt sich dann auf den zeitlichen Horizont, der betrachtet werden soll. Ausgangspunkt des Szenarios ist die Analyse der Gegenwart, die zu einem Verständnis der gegebenen Wirkungszusammenhänge des Themas führt. Dabei ist es wichtig, die erste Phase nicht mit vorschnellen Erkenntnissen à la „so ist das!" zu beenden. **Vielmehr sollte man darauf achten, die Ist-Situation umfänglich und von allen Seiten zu beleuchten.**

2. Einflussfaktoren identifizieren

Im zweiten Schritt werden mit Hilfe einer professionellen Moderation alle Faktoren identifiziert, die auf irgendeine denkbare Weise **Einfluss auf die Fragestellung** haben könnten. Wir stellen diese Punkte häufig auf einer **Kontingenzmatrix** dar, indem wir die Einflussfaktoren sowohl auf der X- als auch auf der Y-Achse eintragen und den gegenseitigen Einfluss mittels einer Skala darstellen: von 1 (= kein Einfluss) bis 5 (= vollständig voneinander abhängig).

auf / Einfluss von	1	2	3	4	...	N	Kumulierte Einflussstärke
1. Einflussfaktor	–	0	0	0	...	0	0
2. Einflussfaktor	0	–	0	0	...	0	0
3. Einflussfaktor	0	0	–	0	...	0	0
4. Einflussfaktor	0	0	0	–	⋱	0	0
⋮	⋮	⋮	⋮	⋱	⋱	⋮	⋮
N-ter Einflussfaktor	0	0	0	0	...	–	0
Kumulierte Beeinflussbarkeit	0	0	0	0	...	0	–

Die vertikale Addition dieser Werte zeigt dann die Einflussstärke dieses Faktors während die vertikale Addition die Beeinflussungsstärke zeigt.

3. Trendprognose erstellen

Ausgehend von diesen Einsichten in die Ist-Situation folgt dann der erste Blick in die Zukunft. **Jeder Einflussfaktor wird darauf untersucht, wie er sich weiter entwickeln könnte.** Das ist der Zeitpunkt, an dem sich die Teilnehmer den Expertenprognosen, Branchen- und Marktanalysen zuwenden.

Dabei hat es sich bewährt, mit einer Prognose in vier Klassen zu arbeiten:
stabil
eindeutig zunehmend
eindeutig abnehmend
wechselhaft/schwankend

Zum Abschluss der dritten Phase verständigt sich das Team darüber, ob mehrere Einflussfaktoren zu einem Cluster zusammengefügt werden können/sollen.

4. Szenario entwickeln

Abschließend findet die eigentliche Erstellung des Szenarios statt. Unter Zuhilfenahme von storytelling und anderer kreativer Mittel werden realistische Bilder der Zukunft entworfen. Die ursprüngliche Fragestellung erscheint so in einem neuen Kontext. Die Praxis zeigt, dass für diese Phase eher mehr als weniger Zeit eingeplant werden sollte, weil sich unterschiedliche Szenarien erst „setzen" müssen.

Gute Prozessmoderation verzögert hier einerseits den Prozess bewusst, um gedanklichen Kurzschlüssen in Form von „das ist das einzig mögliche Szenario" vorzubeugen. Auf der anderen Seite ist es sehr sinnvoll, hier einen „Advocatus Diaboli" auf die Bühne zu bringen, der Risiken aufzeigt, extreme Szenarien vorstellt und paradoxe Interventionen (Welches Szenario führt zum Untergang der Firma?) nutzt, um die entwickelten Szenarien robuster zu machen.

Erst durch Verlangsamung und den „Advocatus Diaboli" steigt die Wahrscheinlichkeit, auch extreme Szenarien zu entdecken, die wirklich neue Chancen, Risiken und Handlungsmöglichkeiten aufzeigen.

5. Projekt planen
Im letzten Schritt werden dann bis zu 5 Szenarien ausgewählt, die konkreter ausgearbeitet werden sollen. Aber das ist für Projektmanager dann ja kein Problem mehr.

Es ist uns wichtig, auch hier zu betonen, dass die Szenariotechnik nicht dazu missbraucht werden darf, das eine tatsächlich eintreffende, das „richtige" Szenario zu finden. Vielmehr gilt es, aus dem Trichter der Möglichkeiten diejenigen Szenarien auszuwählen, auf die man sich im Projekt einstellen bzw. vorbereiten sollte.

FINDEN SIE AUCH, DASS SIE SICH VOR DEM LOSLEGEN MIT EINEM ZUKUNFTSWEISENDEN PROJEKT EINMAL GRÜNDLICHER MIT DEM BLICK IN DIE ZUKUNFT BESCHÄFTIGEN SOLLTEN? MÖCHTEN SIE KÜNFTIGE ÜBERRASCHUNGEN REDUZIEREN BZW. SICH BESSER AUF DAS VORBEREITEN, WAS KOMMEN KÖNNTE?

DANN KANN EIN SZENARIO WORKSHOP ODER EIN LÄNGERER SZENARIO PROZESS WERTVOLLE ERKENNTNISSE BRINGEN!

Quellen und Literatur

DIN 69901-1:2009-01, Projektmanagement – Projektmanagement systeme – Teil 1: Grundlagen

Wasserfallmodell: Geschichte (https://de.wikipedia.org/wiki/Wasserfallmodell#Geschichte)

CHAOS Report, Standish Group (https://de.wikipedia.org/wiki/Chaos-Studie)

Raitner, M.: Agilität jenseits von Projekten (https://fuehrung-erfahren.de/2017/01/agilitaet-jenseits-von-projekten/), 2017

Marktplatz der Macher

Faschingbauer, M., Mauer, R.: Marktplatz der Macher, In: zfo – Zeitschrift Führung + Organisation, 01/2012

Lean Startup

Ries, E.: Lean Startup: Schnell, risikolos und erfolgreich Unternehmen gründen, 2014

Maurya, A.: Running Lean – Das How-to für erfolgreiche Innovationen, 2013

Osterwalder, A., Pigneur, Y.: Value Proposition Design: Entwickeln Sie Produkte und Services, die Ihre Kunden wirklich wollen, 2015

Sprints

Knapp, J., Braden, K., Zeratsky, J.: Sprint: Wie man in nur fünf Tagen neue Ideen testet und Probleme löst, 2016

Maurya, A.: Scaling Lean: Mastering the Key Metrics for Startup Growth, 2016

Pretotyping/MVP

Savoia, A., Allrutz, R.: Pretotypen Sie Es! (http://pretotypen.blogspot.com.es/p/download.html), 2015

Spielerische Innovation

Gray, D., Brown, S., Macanufo, J.: Gamestorming: Ein Praxisbuch für Querdenker, Moderatoren und Innovatoren, 2011

Hohmann, L.: Innovation Games: Creating Breakthrough Products Through Collaborative Play: Creating Breakthrough Products and Services, 2006

Kea, J.: LEGO ist doch kein Spiel! (https://www.microtool.de/projektmanagement/lego-ist-doch-kein-spiel/), 2015

Szenario Technik

Minx, E., Roehl, H., „Szenario-Technik", in: Organisationsentwicklung 04/2006

#PM2025 THESE 3

Von **Nacheinander** zu **Miteinander**

Arbeitsteilung
Stage Gates
Übergabedokumentationen
Helden
Effizienz
Fehlersuche
Sitzungen
Statusrapport
Nacheinander
Schnittstellen
Wissenssilos
Ressourcenmanagement
Meilensteine
Pflichterfüllung
Selbstorganisation
Vielfalt nutzen
Iterationen
Unterstützung
Transparenz
Teams
Verantwortung
Miteinander
Workshops
Voneinander Lernen
Effektivität
T-Shape
Feedback
Übergänge
Nahtstellen

„Es ist nicht gut, daß der Mensch alleine sei, und besonders nicht, daß er alleine arbeite; vielmehr bedarf er der Teilnahme und Anregung, wenn etwas gelingen soll."

[Johann Wolfgang von Goethe]

„Nacheinander" war lange Zeit der erfolgreiche Weg:

Bei geringer Komplexität und Dynamik (→ These 1) ist Kosten-Effizienz durch **Standardisierung, Spezialisierung und Arbeitsteilung** ein entscheidender **Wettbewerbsvorteil**.

Dagegen kommt es bei hoher Komplexität und Dynamik zunächst einmal darauf an, die Effektivität sicherzustellen. Es geht also zunächst darum, überhaupt die jeweils erfolgversprechenden Produkte und Funktionen, Dienstleistungen und Geschäftsmodelle zu finden, also Pionierarbeit (→ These 2) zu leisten. **Ohne Effektivität nützt Effizienz nichts.**

Der tayloristische Weg der Bearbeitung, basierend auf hoher Spezialisierung und Arbeitsteilung, ist zwar effizient, hat aber einige Nebenwirkungen:

Das **„Stille Post"-Problem:** Egal wie sehr man den Dokumentationsaufwand steigert (und damit wiederum die Effizienz reduziert), man kann nie sämtliches Wissen dokumentieren. Somit gehen bei jeder Übergabe zwischen aufeinander folgenden Arbeitsstationen (Projektphasen mit veränderten Teams, Teilprojektteams etc.) Informationen verloren oder sie werden anders interpretiert.

Das **„Steigende Änderungskosten"-Problem:** Je weiter der Prozess fortgeschritten ist, desto teurer ist es, bei Änderungen, Störungen oder neuen Erkenntnissen zurück zu einer früheren Stelle zu springen, – ganz davon abgesehen, ob bzw. wann die damals beteiligten Spezialisten wieder verfügbar sind. Besonders gefährlich wird es, wenn der Aufwand gescheut und die neuen Erkenntnisse ignoriert werden.

Das **„Fingerpointing"-Problem:** Bei Problemen ist es leicht, die Ursache einer vorherigen oder nachfolgenden Arbeitsstation zuzuschreiben. Bei der Suche nach dem Fehler und dem Schuldigen entsteht dann oft ein zeitraubendes „Ping Pong" zwischen den Beteiligten. Und dabei wird noch nicht einmal geklärt, wie und durch wen das Problem zu lösen ist, geschweige denn künftig vermieden werden soll.

Das **„Single Point of Failure"-Problem:** Hohe Arbeitsteilung führt zu vielen potenziellen Engpässen – bis hin zur Gefahr des alleinigen Entscheiders: Man liest gerne über die wenigen erfolgreichen visionären Helden, selten erfährt man aber von den vielen gescheiterten einsamen Helden.

Dass mehr Miteinander ein erfolgversprechender Ansatz ist, zeigen auch die Erkenntnisse des Komplexitätsforschers W. Ross Ashby: **Das nach ihm benannte „Ashbys Gesetz" besagt, dass das Lösungssystem möglichst genauso komplex sein sollte wie die Situation, die es zu bewältigen gilt.** Je höher also die Komplexität und Dynamik des Umfelds bzw. der Märkte, desto höher sollte die

Komplexität des eigenen Systems sein. Anders ausgedrückt: Je mehr unterschiedliche Menschen beteiligt sind, desto höher die Wahrscheinlichkeit, gute Antworten auf komplexe Situationen zu bekommen. **Mehr Miteinander ist also gelebtes Risikomanagement!**

Also gilt „je größer desto besser"? Leider nein: Teamgrößen sind aufgrund der steigenden Zahl der teaminternen Kommunikationspfade begrenzt. Da die Kommunikation immer aufwändiger wird je größer die Gruppe ist, ist es immer schwieriger sicherzustellen, dass alle Teammitglieder alle Informationen erhalten. Bei Teams mit mehr als sieben bis neun Personen ist oft zu beobachten, dass sich ganz natürlich kleinere Sub-Teams bilden und voneinander abkoppeln.

Ist also eine Teamgröße von ca. sieben Personen das Maximum für erfolgreiche Zusammenarbeit? Nicht unbedingt: Größere Personengruppen und mehrere Teams können sehr wohl zielgerichtet zusammenarbeiten. Es gibt keine optimale Lösung, aber uns erscheint sinnvoll, immer wieder zu wechseln zwischen Großgruppenarbeit für hochkomplexe Problemstellungen und operativer Arbeit an Teilaspekten in kleinen Teams. Darüber hinaus lohnt es sich, geeignete Kommunikationsstrukturen zu schaffen, mit denen der laufende Austausch zwischen den Teams aufrechterhalten wird.

Die Komplexität und Lösungsvielfalt im Team lässt sich allerdings auch jenseits der Teamgröße steigern. Multidisziplinäre, heterogen besetzte Teams mit unterschiedlichen Fertigkeiten, Hintergründen und Perspektiven haben gute Voraussetzungen, „Ashbys Gesetz“ zu genügen.

Teams sind statistisch gesehen erfolgreicher als Einzelkämpfer – das kennt man auch aus dem Mannschaftssport: Die besten Teams bestehen nicht immer aus den besten Einzelspielern. Der Wunsch nach „Teamfähigkeit“ ist nicht gerade neu, tatsächlich wird diese Fähigkeit aber immer wichtiger. Wir sind allerdings auch davon überzeugt, dass Teamfähigkeit keine binäre Eigenschaft ist, **vielmehr ist jeder Mensch auf seine individuelle Weise teamfähig:** Schließlich sind Menschen soziale Wesen.

Allerdings ist der Mensch auch ein Individuum, und je nach kulturellem Kontext und Sozialisation ist der Hang zum Einzelkämpfer schwächer oder stärker ausgeprägt. Daher gibt es keine allgemeingültige Lösung, aus welchen Charakteren man ein funktionierendes Team zusammensetzt und wen man lieber nicht im Team haben sollte. Was Sie aber tun können: Sie können die richtigen Rahmenbedingungen schaffen – z. B. indem Sie Kooperation statt Silodenken begünstigen, indem Sie Neugierde fördern, indem Sie Fehler bzw. Irrtümer zulassen und das Lernen unterstützen. Zusätzlich können Sie zum Aufbau von Teams mit möglichst heterogenen Skills aber homogenen Werten und Persönlichkeiten ermutigen. Dabei können Sie die Teams selbst mit-entscheiden lassen, wer in das Team passt und wer nicht. Gerade zu Beginn ist es hilfreich, das Team dabei zu begleiten und zu unterstützen, z. B. um selbst zwischen Homogenität und Heterogenität abzuwägen.

Und damit ein Team nicht nur effektiv sondern auch effizient zusammenarbeitet, braucht es Zeit und Gelegenheit, damit sich die Teammitglieder untereinander kennenlernen, um Konflikte zu lösen, um voneinander zu lernen, um Fehler zu reflektieren und gemeinsam bessere Lösungen zu finden. **Ein echtes Team entsteht nicht von heute auf morgen, es wächst zusammen.**

ABER VORSICHT: „NACHEINANDER" IST EINFACH, ES BRAUCHT NUR KLAR DEFINIERTE VORGABEN, REGELN UND ABLÄUFE. EIN GUTES „MITEINANDER" BRAUCHT OFT VIEL ARBEIT AN DER KOOPERATION SELBST – DOCH ES LOHNT SICH!

Liberating Structures
Kybernetische Vernetzung
Appreciative Inquiry
Teamzeit
Team Profile
Scrum
Mob Working
7
in aller Kürze
→ exemplarische Ansätze für mehr Miteinander

Gerade in der Projektarbeit, bei der Teams schnell zusammenfinden müssen, um gemeinsam erfolgreich zu arbeiten, hat sich der Einsatz von diagnostischen Methoden zur Teamzusammenstellung und -entwicklung sehr bewährt.

Gemeinsam ist fast allen diesen Methoden der Versuch, die Gemeinsamkeiten und Unterschiede der Menschen im Team zu beschreiben und graphisch dazustellen. Dabei ist nach unserer Überzeugung diese Beschreibung kein Wert an sich, sondern dient dazu, rascher und intensiver in die Kommunikation über das Thema „Wie arbeiten wir im Projekt zusammen?“ zu kommen. Team Profile sind für uns also Gesprächsbeschleuniger. Eine kleine Auswahl möchten wir Ihnen kurz vorstellen:

Belbins Team-Rollen
Ein basales Modell, das in vielen Projektmanagement-Trainings gelehrt wird, sind die Team-Rollen nach Meredith Belbin. In diesem Modell werden **acht Rollen** unterschieden, die die Effektivität eines Teams befördern, da sie Kooperation und gemeinsame Leistung schnell ermöglichen.

Mit acht kleinen Aufgaben wird die individuelle Rolle im Team ermittelt, als:	
Koordinator	Umsetzer
Macher	Weichensteller
Neuerer	Teamarbeiter
Spezialist	Perfektionist

Grundsätzlich geben Belbins Team-Rollen einen Einblick in die innere Aufstellung einer Projektgruppe und ihre typischen Vertreter. Dabei darf natürlich nicht übersehen werden, dass es sich hier um ein Modell handelt, das unterschiedliche Persönlichkeitstypen zeichnet. Es ist aber nicht differenziert genug, um die einzelnen Persönlichkeiten im Projektteam wirklich zu beschreiben. Nutzen Sie deshalb Belbins Team-Rollen nicht vorschnell als Konzept, um das Projektteam in der Form aufzustellen, dass sie jede Rollen einfach mit einer Person besetzen. Vielmehr kommt es darauf an, dass alle in den Rollen beschriebenen Funktionen im Team vertreten sind, d. h. ein Projektteammitglied kann durchaus auch mehrere Belbin Rollen ausfüllen. So verstanden, wird das Modell von Belbin ein sinnvolles Arbeitsinstrument, das Unterschiede und Fähigkeiten sichtbar und für die Arbeit nutzbar macht.

Teamkultur-Modell
Aufbauend auf Riemanns Theorie der Persönlichkeitsstile haben Manfred Gellert und Claus Nowak ein Modell der **vier Teamkulturen** entwickelt.

Der Prozess beginnt mit einem Fragebogen: Über 40 persönliche Fragen werden dazu von jedem Gruppenmitglied beantwortet und dann im Team gemeinsam ausgewertet. Die Ergebnisse jedes Teammitglieds werden in das Achsenkreuz **ergebnis- vs. beziehungsorientiert** und **innovations- vs. regelorientiert** eingetragen. So entsteht ein erstes Bild der unterschiedlichen Ansichten über wirksame Projektteams und der individuellen Bedürfnisse für gute Zusammenarbeit im Team. Das im Anschluss einsetzende Gespräch endet oft in einer konstruktiven Verhandlung, in welche Richtung die Zusammenarbeit entwickelt werden soll. So hat sich z. B. ein Entwicklungsprojekt entschlossen, sich auf die Ergebnisse zu fokussieren und ein regelmäßiges Stand-up Meeting zu den „Kernzahlen" verabredet. Ein anderes Team, das mit dem Thema „Maßnahmen der Mitarbeiterbindung" beauftragt war, beschloss, sich regelmäßig zur Teamsupervision zu treffen, um so der sichtbaren Tendenz zum Harmoniestreben im Team entgegenzuwirken und etwaige Konflikte nicht versteckt schwelen zu lassen.

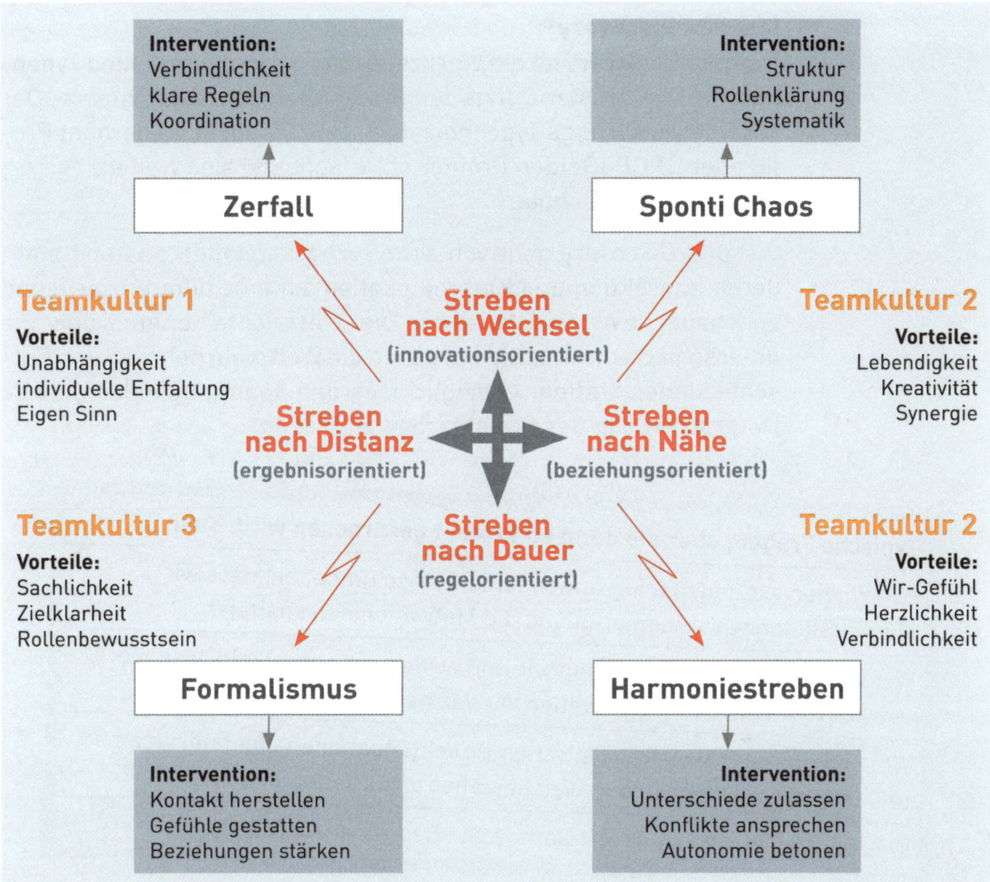

nach Gellert & Nowak 2004

Insights Discovery®
Insights Discovery ist ein Werkzeug, das die Präferenz- und Typentheorie Carl Gustav Jungs für Projektteams nutzbar macht. Der MBTI (Myers Briggs Type Indicator), TMP (Team Management Profil) oder GPOP (Golden Profiler of Personality) sind weitere Vertreter dieser Denkschule.

Insights Discovery geht von **acht Verhaltenstypen** aus und stellt deren Interaktion und Kommunikation auf eine differenzierte und anschauliche Art und Weise dar. Die so erreichte Kenntnis über die unterschiedliche Art, wie Personen die Welt wahrnehmen und Entscheidungen treffen, ermöglicht es den Teammitgliedern, diese Unterschiede in der Projektarbeit zu nutzen.

Typische Fragen, über die dann im Projekt gesprochen wird, sind:
Wie können wir gegenseitig und miteinander so umgehen, dass wir Missverständnisse minimieren und die Motivation hoch halten?
Welche typischen Rituale haben wir und wollen wir entwickeln, weil sie uns gut tun. Welche Rituale wollen wir vermeiden?
Wer von uns ist in welchen typischen Projektsituationen eher zufrieden und „energiegeladen“ und in welchen eher unzufrieden und „schlaff“?
Welche Projektrolle kann von wem wohl eher gut ausgefüllt werden?

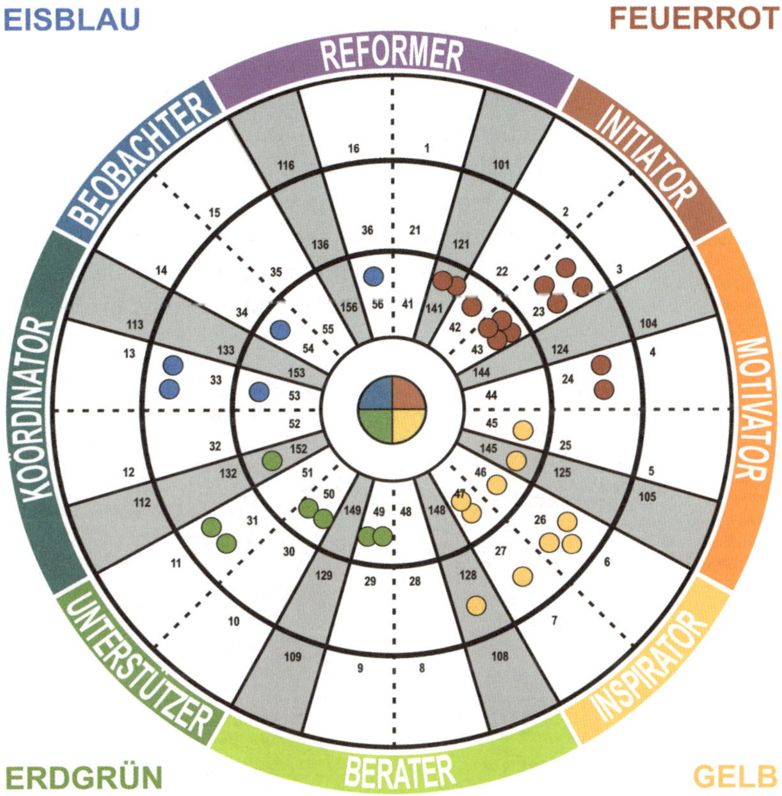

nach Insights Discovery and Insights Learning Systems were originated by Andi and Andy Lothian. Insights, Insights Discovery and the Insights Wheel are registered trademarks of The Insights Group Ltd.

Es ist wichtig, sich bei der Anwendung der hier erwähnten und anderer Team Profile bewusst zu machen, dass es sich immer nur um Modelle und nicht um die Wahrheit handelt. Die Modelle machen Tendenzen im aktuellen Kontext transparent, sodass Sie im Team darüber sprechen und Konsequenzen ableiten können. Jeder Mensch ist eine vielfältige Persönlichkeit und kann je nach Bedarf und Kontext sehr unterschiedliche und auch mehrere Rollen im Team einnehmen, auch wenn sie vielleicht nicht der maximalen Präferenz entspricht oder das größte Potenzial darstellen.

WOLLEN SIE DIE ZUSAMMENARBEIT IM PROJEKTTEAM NICHT NUR ÜBER PROZESSE, GEMEINSAME SPIELREGELN UND MEETINGS KOORDINIEREN? SIE FINDEN, DASS WIRKSAME PROJEKTTEAMS AUCH DIE GRUPPENDYNAMIK IM BLICK HABEN SOLLTEN?

DANN NUTZEN SIE TEAM PROFILE ALS GESPRÄCHSBESCHLEUNIGER ÜBER DIE TEAMROLLEN, DIE TEAMKULTUR ODER DIE UNTERSCHIEDLICHEN INDIVIDUELLEN PRÄFERENZEN IM TEAM.

Teamzeit

Viele Teams stehen vor der Herausforderung, als „echtes Team" miteinander zu agieren – es passiert schnell, dass sich jeder im Team auf die eigenen Aufgaben konzentriert und man nebeneinander her, statt miteinander arbeitet.

Natürlich geht es nicht darum, jede einfache Aufgabe im gesamten Team zu bearbeiten – das wäre nicht effizient. Doch es ist auch weder besonders effizient noch effektiv, wenn man im Team nur noch in den dafür vorgesehenen Meetings miteinander spricht.

Und wie oft kommt es vor, dass in „Sitzungen" (ein sehr sprechender deutscher Begriff für Meetings) viel über gemeinsame Themen diskutiert wird, ohne aber direkt daran zu arbeiten. Die eigentliche Arbeit am Thema wird dann im Protokoll als offene Aufgabe festgehalten, die durch einen Verantwortlichen bis zur nächsten Sitzung erledigt werden soll. In der nächsten Sitzung wird dann festgestellt, dass nicht alle Aufgaben erledigt werden konnten, weil andere Sachen dazwischengekommen sind. Dass das so passiert, ist unausweichlich bei hoher Komplexität und Dynamik auf der einen und individuellem Multitasking auf der anderen Seite.

Um mehr Fokus zu ermöglichen, ist ein erster Schritt, die vielfältigen Meetings auf den Prüfstand zu stellen und genau festzulegen, was ihr eigentlicher Zweck ist: **Geht es um Wissensaustausch, um das Vorbereiten oder Treffen von Entscheidungen oder geht es um gemeinsame Arbeit an Themen?** Idealerweise hat jedes Meeting nur genau einen dieser Zwecke, eine Durchmischung erschwert den Fokus.

Einen Schritt weiter können Sie gehen, indem Sie für jedes Ihrer Meetings beispielsweise das Business Model → **Canvas** ausfüllen: Wer ist die Zielgruppe? Wer sind die Kunden dieses Meetings? Was ist der erwartete Nutzen? Wen brauchen Sie wirklich dafür? etc. Wahrscheinlich werden Sie feststellen, dass nur wenige Meetings echte Workshops sind, in denen gemeinsam an Themen gearbeitet wird. Workshops werden eher situativ eingesetzt, selten als regelmäßiges Zusammenkommen.

Und genau hier liegt ein sehr einfacher Hebel für mehr Miteinander: **Reservieren Sie die Zeit direkt nach Ihrem Meeting für die gemeinsame Arbeit an den zu erledigenden Aufgaben.** Zum einen schafft das Fokus und ermöglicht Konzentration, da die Beteiligten nicht direkt zum Arbeitsplatz zurückgehen und durch Kollegen, Anrufe oder andere Nachrichten abgelenkt werden. Im Meetingraum wird man in der Regel weniger gestört.

Zum anderen entsteht so die Gelegenheit für mehr Miteinander: Sie können direkt noch einmal nachfragen, wenn Sie bei der Bearbeitung auf Unklarheiten stoßen. Sie können zu zweit oder in

Kleingruppen an den Aufgaben arbeiten, wenn dies sinnvoll erscheint. Sie können (Zwischen-) Ergebnisse direkt jemandem vorstellen und das Feedback sofort einarbeiten statt bis zum nächsten Meeting zu warten.

Und vielleicht schließen Sie die Teamzeit mit einem gemeinsamen Mittagessen ab oder einer sogenannten „Brownbag-Session", in der jemand aus dem Team einen kurzen Wissens-Impuls gibt, ein spannendes Thema vorstellt, während der Rest des Teams beim Essen zuhört und anschließend weiter über das Thema diskutiert.

SIE STELLEN IMMER WIEDER FEST, DASS IHRE MITARBEITER NICHT DAZU KOMMEN, DIE IN MEETINGS VEREINBARTEN HAUSAUFGABEN BIS ZUM NÄCHSTEN MEETING AUCH WIRKLICH ZU ERLEDIGEN? SIE STELLEN FEST, DASS IHR TEAM EHER NEBENEINANDER HER ARBEITET UND SO DAS GEMEINSAME POTENZIAL GAR NICHT NUTZT?

GESCHÜTZTE TEAMZEIT IST EIN EINFACHER ABER WIRKSAMER HEBEL FÜR MEHR MITEINANDER!

Liberating Structures

Meist sind Diskussionen in großen Gruppen weder effektiv noch effizient. Hinzu kommt, dass eher die extrovertierten Typen bzw. diejenigen, die den meisten Redeanteil haben, das höchste Ansehen in der Gruppe genießen – sei es durch ihre formale Stellung oder durch informelles Gewicht. Und wenn der erfahrene Experte oder der Chef seinen Lösungsansatz erst einmal vorgestellt hat, werden viele ihre vielleicht ganz konträren Gedanken eher zurückhalten.

Es gibt viele leicht anzuwendende Moderationstechniken, um den guten Ideen aller Beteiligten Raum zu geben. Die einfachste Form ist sicherlich das **Brainwriting**: Jeder bekommt ein paar Minuten Zeit, um die eigenen Ideen aufzuschreiben. Anschließend werden sämtliche Ideen vorgestellt. Erst danach wird diskutiert.

Eine darauf aufbauende, sehr einfach und vielfältig einsetzbare Technik ist 1-2-4-all:
Im ersten Schritt macht sich jeder selbst Gedanken und bringt diese zu Papier.
Im zweiten Schritt bilden sich Paare, jeder stellt seine Ideen kurz vor, gemeinsam wählt man die besten bzw. wichtigsten Gedanken aus, kombiniert sie eventuell zu neuen Ideen und entwickelt sie weiter.
Im dritten Schritt kommen je zwei Paare zu einer Vierergruppe zusammen, jedes Paar stellt seine Ideen kurz vor, gemeinsam wählt man die besten Entwürfe aus, kombiniert sie eventuell zu neuen Ideen und verfeinert sie.
Im letzten Schritt stellt jede Vierergruppe ihre wichtigste Idee im Plenum vor.

Je nach Themenstellung und Ziel folgt nach dem vierten Schritt ein passender Abschluss: Wenn es z. B. darum ging, Erfahrungen auszutauschen oder existierende Lösungen transparent zu machen, reicht es aus, Raum und Zeit für weitergehende Diskussionen zu bieten. Wenn es dagegen um das Finden konkreter Lösungsansätze geht, sollte abschließend noch eine Auswahl der Lösungsansätze erfolgen sowie die Planung der nächsten Schritt und die Bestimmung der Verantwortlichkeiten.

Diese Technik ist auf vielfältige Themenstellungen anwendbar: auf Problemanalyse, Lösungsfindung, Visionsentwicklung etc. – oder auch bei der Aufstellung eines gemeinsamen → **Mittelinventars** im Team.

1-2-4-all ist eine von aktuell 33 Techniken (oder „Strukturen"), die unter dem Begriff „Liberating Structures" zu finden sind. Dabei handelt es sich um eine Sammlung von Techniken, mit denen altbekannte Praktiken ergänzt oder ersetzt werden können. Man findet ausgefeilte und spezifische Techniken, um Besprechungen anders als üblich durchzuführen, um Strategien im Team zu entwickeln, um gemeinsam Probleme zu analysieren, Maßnahmen zu planen, Entscheidungen zu treffen sowie um an der Vernetzung und an Beziehungen untereinander zu arbeiten.

Der übergeordnete Zweck aller Strukturen ist es, mehr Miteinander zu ermöglichen, die Beteiligung und das Engagement zu steigern sowie verborgene Ideen aufzudecken. Es geht um die effektive Lösung komplexer Herausforderungen durch die Intelligenz der Gruppe. „Liberating" bedeutet dabei, dass diese Techniken dabei unterstützen sollen, die **Gruppe von Einschränkungen wie z. B. Hierarchiedenken zu befreien.** Es sind größtenteils leichtgewichtige Methoden, die ohne langjährige Ausbildung einsetzbar sind. Sie geben jeweils eine minimale Struktur der Zusammenarbeit vor, sodass sich die Beteiligten ganz auf das jeweilige Thema fokussieren können.

SIE MÖCHTEN IHR TEAM MEHR BETEILIGEN, DAS ENGAGEMENT FÖRDERN UND DIE KOLLEKTIVE KREATIVITÄT BESSER NUTZEN? SIE SIND AUF DER SUCHE NACH ALTERNATIVEN STRUKTUREN UND PRAKTIKEN FÜR MEHR MITEINANDER?

LIBERATING STRUCTURES SIND EIN FUNDUS AN LEICHTGEWICHTIGEN TECHNIKEN, MIT DENEN SIE NEUE IMPULSE SETZEN KÖNNEN!

1-2-4-ALL IST EIN SCHEMA, DAS SIE SEHR EINFACH UND VIELFÄLTIG EINSETZEN KÖNNEN.

PROBIEREN SIE ES AUS!

Wenn von „agilem Projektmanagement" die Rede ist, ist oft Scrum gemeint. Dabei hat Scrum streng genommen gar nichts mit Projekten zu tun – **Scrum ist eine teambasierte Organisationsform, die ursprünglich für die Entwicklung von Software-Produkten eingesetzt wurde.** Die wichtigste Unterscheidung: Wann die Entwicklung des Produktes endet, wird im Gegensatz zu einem Projekt nicht bereits zu Beginn festgelegt, vielmehr wird das situativ auf Basis der Kundenwünsche und der Marktlage entschieden.

Dennoch hat Scrum in den letzten Jahren einen Siegeszug als Projekt-Vorgehen angetreten. Scrum ist ein sehr leichtgewichtiges Rahmenwerk – der offizielle Scrum Guide umfasst nur wenige Seiten – mit nur drei Rollen, fünf wiederkehrenden Ereignissen, drei zentralen Artefakten und ein paar einfachen Regeln. Es erscheint somit als sehr leicht einsetzbar.

Scrum ist ein **empirischer Prozess**: Die Grundlage ist ein iteratives Vorgehen mit regelmäßigen Lieferungen neuer Funktionen an die Nutzer und somit schnellem Feedback. Dadurch können Ergebnisse und Vorgehensweisen zeitnah überprüft und bei Bedarf angepasst werden. Jede Iteration (**„Sprint"**) hat den Zweck, Wert zu schaffen: Wert für den Kunden bzw. Nutzer und/oder Wert für das Team, indem es – auch durch Irrtümer – neue Erkenntnisse gewinnt. Dieses Vorgehen ist die Basis für den erfolgreichen Umgang mit Unsicherheit, dynamischen Veränderungen und

Scrum Flow

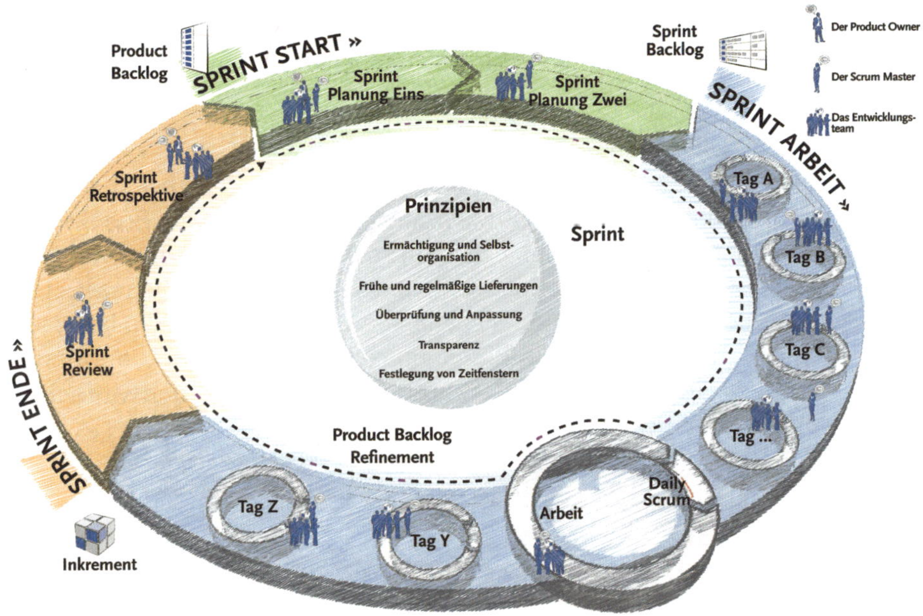

Quelle: © wibas GmbH und „Der Ultimative Scrum Guide"

Überraschungen und damit für kontinuierliches Lernen und Optimieren im Team. Daher geht es in erster Linie um Effektivität, also darum, ein erfolgreiches Produkt zu entwickeln, und nicht um Effizienz, also nicht darum, möglichst schnell und kostengünstig zu entwickeln!

Um in der Pionierarbeit von morgen (→ **These 2**) wirklich von Scrum zu profitieren, reicht es nicht aus, den feststehenden Projektplan in kurzen Iterationen abzuarbeiten, dem Projektleiter eine neue Zertifizierung zu verordnen und einen neuen Titel zu geben, die Regel-Meetings umzubenennen, bunte Klebezettel an die Wand zu heften und ansonsten alles beim Alten zu belassen. **Den Kern von Scrum bilden agile Werte und Prinzipien.** Ohne diese Haltung ist Scrum nur ein stumpfes Werkzeug und wird sein Potenzial nicht entfalten.

EIN GRUNDLEGENDES ELEMENT VON SCRUM IST DAS TEAM:
EIN TEAM KANN UNTER DYNAMIK/UNSICHERHEIT BESSERE ERGEBNISSE ERBRINGEN ALS DIE BESTEN EINZELKÄMPFER.

Wir gehen an dieser Stelle nicht tiefer auf den formalen Prozess ein, vielmehr möchten wir die Rahmenbedingungen aufzeigen, die Scrum für Teamentwicklung bietet:

Stabilität und Heterogenität: Ein Team ist idealerweise so zusammengesetzt, dass sämtliche für die Produktentwicklung benötigten Fertigkeiten im Team vorhanden sind. Ein Team ist also zusammengesetzt aus Experten mit ganz unterschiedlichen Fachrichtungen, Erfahrungen, Kompetenzen und Persönlichkeiten. Das Team muss so nicht ständig situativ ergänzt oder verändert werden, sondern kann stabil bleiben und lernt ständig dazu.

Selbstorganisation und Ermächtigung: Der Product Owner trifft die Entscheidung, was umgesetzt werden soll. Das Entwicklungsteam entscheidet selbst, wie sie es realisieren. Dies umfasst auf der einen Seite das Finden und Umsetzen der technischen Lösung, auf der anderen Seite aber auch die Arbeitsorganisation und die teaminterne Arbeitsteilung. Das Entwicklungsteam ist als Ganzes für die Lieferung des Ergebnisses verantwortlich, nicht einzelne Teammitglieder.

Strukturen und Rituale: Durch das iterative Vorgehen in immer gleich langen Sprints mit wiederkehrenden Ereignissen bietet Scrum Strukturen und Rituale, die Sicherheit geben. Das Team kann sich so schnell vor allem auf die Inhalte und die Zusammenarbeit fokussieren.

Reflexion und stetige Verbesserung: Eines der Rituale ist die Sprint Retrospektive, in der es nach jedem Sprint (also alle ein bis vier Wochen) um die Frage geht, wie gut das Team zusammengearbeitet hat: Was war gut und soll beibehalten werden? Was lief nicht so gut? Wie können wir es künftig besser machen? Hierbei unterstützt der Scrum Master das Team, hilft bei der Analyse, gibt Impulse und schlägt → **Experimente** vor.

Transparenz: Damit das Team sich optimal selbst organisieren kann, müssen alle wichtigen Informationen für alle sichtbar sein. Nur wenn beispielsweise klar ist, wer gerade woran arbeitet, kann Doppelarbeit verhindert oder etwaige Ausfälle im Team kompensiert werden. Vertrauen ein dabei ein wesentliches Faktor: Denn ohne Vertrauen in die Kolleginnen und Kollegen tut man sich schwer mit Transparenz – umgekehrt ist Transparenz eine Voraussetzung dafür, dass Vertrauen entstehen kann (→ **These 4**).

Mut: Pionierarbeit bedeutet neue Wege zu gehen, neue Praktiken auszuprobieren, zu experimentieren und auch Fehler zu machen und diese offen zu legen, um daraus zu lernen. Dazu benötigt man Mut. Durch die kurzen Sprints und die darauffolgende Reflexion bleibt der potenzielle Schaden allerdings gering – Scrum ist damit gelebtes Risikomanagement.

Respekt und Offenheit: Innerhalb des Scrum Teams sorgen Respekt und Offenheit dafür, dass Ideen aus allen Richtungen eine Chance bekommen, dass Fehler offen diskutiert und gemeinsam bessere Lösungen gefunden werden können.

Ein Scrum Master achtet darauf, dass die Regeln und Prinzipien eingehalten werden und wirkt als Coach.

Wenn die agilen Werte und Prinzipien verinnerlicht und gelebt werden, ist Scrum eine Art Schweizer Taschenmesser. Ein gut eingespieltes, selbst-organisiertes Team kann mit Unvorhergesehenem flexibel umgehen und behält dabei den Fokus darauf, Kundennutzen zu stiften. Es stellt alle Praktiken und Regeln immer wieder auf den Prüfstand, um sich an Veränderungen und neue Erkenntnisse anzupassen und stetig besser zu werden.

SIE PLANEN EIN PROJEKT, BEI DEM SIE HEUTE SCHON AHNEN, DASS SICH DIE ANFORDERUNGEN DER KUNDEN BZW. ANWENDER NOCH HÄUFIG ÄNDERN WERDEN? SIE WÜRDEN LIEBER IN KLEINEN SCHRITTEN VORANGEHEN STATT EINEN LANGFRISTIGEN TERMINPLAN AUFZUSTELLEN? SIE DENKEN, DASS EIN GUT EINGESPIELTES TEAM AM BESTEN MIT DEN DYNAMISCHEN VERÄNDERUNGEN FERTIG WERDEN WIRD? DANN BIETET SCRUM EIN PASSENDES RAHMENWERK.

Mob Working

Wir möchten hier eine Team-Praktik beschreiben, die vor allem in der Software-Entwicklung angewendet wird. Sie lässt sich aber auch leicht auf andere Aufgabenstellungen übertragen.

Den Begriff „Pair Programming“ haben wahrscheinlich viele schon einmal gehört oder gelesen. Damit ist gemeint, **dass zwei Entwickler gemeinsam im Tandem programmieren**: Einer übernimmt dabei Tastatur und Maus, der andere blickt über die Schulter und gibt Tipps.

Auf den ersten Blick erscheint dieser Ansatz total ineffizient: Wenn beide einzeln programmieren würden, könnten sie doch in derselben Zeit doppelt so viel schaffen? – Ja und nein.

Bei sehr simplen, voneinander unabhängigen Aufgaben ist Arbeitsteilung in der Tat effizienter, nicht aber bei hochkomplizierten Aufgaben oder gar komplexen Fragestellungen, für die es (noch) keine Musterlösung gibt. Außerdem kann lokale Optimierung im Sinne von Effizienz durch Arbeitsteilung zu Reibungsverlusten beim späteren Zusammenführen der einzelnen Teile führen – noch verstärkt, wenn es zu Fehlern kommt und zunächst einmal „der Schuldige“ identifiziert werden muss.

Durch „Pair Programming" wird auf jeden Fall die Qualität verbessert, denn vier Augen sehen mehr als zwei: Ein Großteil der sonst sauber voneinander getrennten Arbeitsschritte Entwicklung und Überprüfung erfolgt hier parallel.

Bei echter Pionierarbeit (→ **These 2**) braucht es möglichst viele Perspektiven, um zu guten Lösungen zu kommen, um also überhaupt erst einmal effektiv zu sein. In solchen Fällen wenden immer mehr Entwicklungsteams „Mob Programming" an: **Das gesamte Team, bestehend aus Programmierern, Testern, Designern, Architekten etc., versammelt sich vor einem Arbeitsplatz.** Ein Teammitglied übernimmt die Eingabe (Tastatur, Maus), alle gemeinsam haben den Bildschirm (oder den Beamer) im Blick, diskutieren die Optionen und nächsten Schritte, die dann der Eingebende umsetzt. Dabei werden kleine Schritte getan und die Ergebnisse sofort getestet bzw. sichtbar gemacht. So kann man schnell auf neue Erkenntnisse reagieren.

Dieses Vorgehen ist anstrengend. Die Praxis zeigt, dass man auf diese Weise nicht länger als einen halben Tag am Stück arbeiten, Pausen einbauen und die Rollen ständig wechseln sollte. Und spätestens, wenn der benötigte Durchbruch erreicht ist, kann man wieder zu einem anderen, effizienteren Arbeitsmodus wechseln.

„Mob Working" beschränkt sich nicht nur auf die Software-Entwicklung. Nehmen wir als weiteres Beispiel das Verfassen eines Artikels über ein komplexes Thema mit mehreren Autoren: Wir können den Artikel zu Beginn in einzelne Kapitel aufteilen und diese auf die Autoren verteilen. Bei diesem Vorgehen ist es in der Regel am Ende sehr aufwändig, die einzelnen Kapitel aufeinander abzustimmen, damit ein stimmiges Gesamtergebnis entsteht. Die Alternative: Wir skizzieren den gesamten Artikel zu Beginn gemeinsam – nur so weit, bis die Struktur, die inhaltlichen Kernaussagen und der rote Faden stehen. Dadurch entsteht bei allen Autoren ein gemeinsames Bild, die Details können dann in effizienter Arbeitsteilung erstellt werden. So haben wir übrigens auch **#PM2025** geschrieben …

Es geht gerade nicht darum, immer alles gemeinsam zu machen – das wäre in der Tat ineffizient. **Es geht darum, situativ das passende Vorgehen zu wählen**: Bei echtem Neuland z. B. Mob Working, bei komplizierten Themen vielleicht im Tandem arbeiten, bei einfachen Aufgaben klassische Arbeitsteilung.

Eine Mob Working Session wirkt noch längere Zeit nach: Durch die gemeinsame Arbeit an einem konkreten Problem entsteht ein besseres Verständnis im Team und zwischen den einzelnen Experten.

HABEN SIE EIN TEAM MIT GUTEN EXPERTEN, DIE ABER EHER SELTEN ALS TEAM DENKEN UND HANDELN? IHR TEAM HAT IMMER WIEDER PROBLEME, DIE ARBEITSERGEBNISSE DER EINZELEXPERTEN ZUSAMMENZUFÜHREN? IHR TEAM ERLEDIGT ROUTINEAUFGABEN ZWAR EFFIZIENT, BEI PIONIERARBEIT BLEIBT ES ABER REGELMÄSSIG STECKEN?

DANN KÖNNTE MOB WORKING EIN PASSENDER IMPULS SEIN! PROBIEREN SIE ES AUS!

Appreciative Inquiry

Appreciative Inquiry – auf deutsch „Wertschätzende Befragung" – ist neben Open Space, World Café und anderen Methoden für Großgruppenarbeit Teil des „Art of Hosting"-Repertoires. **Kern der Art of Hosting-Bewegung ist die Haltung, dass die „Kunst, ein guter Gastgeber zu sein" die Grundlage für gute Gespräche ist und so zu guten Ergebnissen führt.**

Appreciative Inquiry arbeitet nach dem Leitsatz, dass sich Gruppen immer in die Richtung entwickeln, in die ihre Aufmerksamkeit geht. Sie wird eingesetzt, um ein Team oder eine ganze Organisation weiterzuentwickeln, eine gemeinsame Zukunft zu entwerfen und die schlummernden Potenziale zu entfalten. Dabei wird die Aufmerksamkeit auf die bereits vorhandenen Fähigkeiten, Stärken und Leistungen gerichtet.

Das Kernelement ist das **„wertschätzende Interview"**: Die Teilnehmenden interviewen sich zunächst in Zweiergruppen gegenseitig, basierend auf einer positiven Frage. In der „Entdeckungsphase" geht es vor allem darum, gute Praktiken, erfolgreiche Projekte und positive Erfahrungen zu identifizieren und zu verstehen, die man öfter erleben möchte. Anschließend werden die Erkenntnisse in größeren Gruppen diskutiert und im Plenum geteilt. Positive Erfahrungen sind eine kraftvolle Grundlage, um die gewünschte Zukunft wahr werden zu lassen.

Anschließend werden Visionen entworfen: Es darf geträumt und gesponnen werden. Doch nicht alles, was sein könnte, soll auch so sein – im nächsten Schritt werden die gewünschten Visionen daher ausgewählt, konkretisiert und weiter ausgestaltet.

Abschließend gilt es den Weg zu finden, um die Visionen Wirklichkeit werden zu lassen: Die Umsetzung wird vorbereitet, konkrete Maßnahmen werden festgelegt. Je nach Situation liegt die Ausgangsfrage bzw. der Fokus des Prozesses quasi bereits „auf der Hand" oder wird zu Beginn gemeinsam entwickelt.

Die Aufmerksamkeit richtet sich also nicht auf zu lösende Probleme, sondern gezielt auf Stärken und positive Erlebnisse. So werden nicht nur etwaige Schuldzuweisungen und daraus entstehende Demotivation vermieden. Vielmehr entsteht eine Energie, die es ermöglicht, gemeinsam über sich und die Probleme hinaus zu wachsen. Dahinter steht die Annahme, dass sich Systeme in die Richtung bewegen bzw. entwickeln, in die sie ihre Aufmerksamkeit richten.

Eine weitere Annahme ist, dass in jedem Menschen und in jedem System ungenutzte Potenziale schlummern, die aber dennoch hin und wieder aufblitzen. Wenn man also gezielt auf überraschende, positive Erlebnisse achtet, findet man Potenziale, die bisher eher zufällig wirken. Diese zu entfalten, wird sich auf jeden Fall lohnen.

Die Kunst besteht vor allem darin, die richtigen Fragen für die wertschätzenden Interviews zu entwerfen. Gute Fragen sind öffnend, gehen davon aus, dass es positive Erfahrungen gibt. Sie regen die Erinnerung an, fokussieren auf positive Elemente, lassen Wünsche und Visionen bewusst werden.

Im Appreciative Inquiry-Prozess werden neben dem wertschätzenden Interview weitere Methoden für Großgruppenprozesse eingesetzt. Umgekehrt ist das wertschätzende Interview als einzelne Technik in vielen Workshops, Retrospektiven, Großgruppenveranstaltungen oder begleitend in Veränderungsprozessen einsetzbar.

Ein ähnliches und doch grundlegend verschiedenes Verfahren ist „Real Time Strategic Change“: Hier liegt der Fokus zunächst auf den Problemen, um alle Beteiligten „aufzurütteln“ und Betroffenheit zu erzeugen, bevor es um die gemeinsame Problemlösung geht.

HABEN SIE DEN EINDRUCK, DASS IN IHRER ORGANISATION VIELE POTENZIALE UNGENUTZT SCHLUMMERN? MÖCHTEN SIE DIE BEREITS VORHANDENEN GUTEN PRAKTIKEN TRANSPARENT UND ALS BASIS FÜR EINE WEITERENTWICKLUNG NUTZBAR MACHEN? DANN KÖNNTE APPRECIATIVE INQUIRY EIN GUTER STARTSCHUSS FÜR EINE GEMEINSAME POSITIVE BEWEGUNG SEIN! PROBIEREN SIE ES AUS!

Kybernetische Vernetzung

Unter „Kybernetische Vernetzung“ fassen wir solche Großgruppenformate zusammen, die auf Basis der Erkenntnisse der systemischen Management- bzw. Unternehmens-Kybernetik entwickelt wurden. Bekannte Vertreter sind beispielsweise „Syntegration“ [Anthony Stafford Beer und Fredmund Malik], „gruppenbing“ [Alexander Tornow] oder die Wissensdrehscheibe [Gebhard Borck].

Ohne genauer auf den systemkybernetischen Hintergrund eingehen zu wollen: **Bei allen Verfahren werden konkrete Fragestellungen (Lösungen von Problemen, Entwicklung neuer Produkte, Dienstleistungen oder Organisationsstrukturen o. ä.) in großen Gruppen strukturiert bearbeitet, oft über mehrere Tage.** Ein „Nebeneffekt“ eines solchen Verfahrens ist die hohe Vernetzung aller Beteiligten untereinander, inklusive des Austauschs von Wissen und unterschiedlichen Perspektiven.

Jedes Thema wird in einzelnen (teilweise parallel laufenden) Sessions mit unterschiedlichen Rollen bearbeitet: Es gibt jeweils aktive Diskutanten, Feedbackgeber und stille Beobachter. Die Teilnehmenden rotieren nach jeder Session.

Unterstützt werden die Sessions in der Regel durch jeweils einen Moderator und einen Protokollanten. Die Ergebnisprotokolle werden möglichst direkt veröffentlicht, sodass sich jeder über Sessions informieren kann, an denen er nicht beteiligt war und die Ergebnisse direkt in nachfolgende Sessions zum Thema einfließen können.

Ein ausgeklügeltes Vernetzungsdesign stellt sicher, dass jeder Teilnehmende an möglichst vielen Themen beteiligt ist und mit möglichst vielen anderen Teilnehmenden interagiert. Das gewährleistet maximale Identifikation aller Beteiligten mit den gemeinsam erarbeiteten Ergebnissen sowie eine maximale Vernetzung untereinander.

Eine einfache aber dennoch wirkungsvolle und flexibel einsetzbare Variante der Vernetzung hat Alexander Tornow aus dem von ihm entwickelten „gruppenbing"-Format abgeleitet, diese können Sie als Einstieg in diese Verfahren einfach selbst ausprobieren:

Teilen Sie Ihre große Gruppe in mehrere kleine Gruppen mit möglichst gleich vielen Mitgliedern. Jede Einzelgruppe bearbeitet jeweils ein spezifisches Thema. Verteilen Sie Kärtchen mit Buchstaben an die Mitglieder jeder Gruppe, also z. B. jeweils A bis F bei einer Gruppenstärke von sechs Mitgliedern.

Unterteilen Sie die Bearbeitung der Themen durch die Themengruppen in Phasen: z. B. Analyse, Ideen generieren, Maßnahmen ableiten.
Nach jeder Gruppen-Phase folgt eine Vernetzungsphase, in der sich die Gruppenmitglieder gemäß ihrer Buchstaben-Kärtchen aufteilen: An jeder Vernetzungsstation treffen sich also die Mitglieder mit dem gleichen Buchstaben aus den unterschiedlichen Themen-Gruppen.
Während jeder Vernetzungsphase hat jeder Vertreter einer Themengruppe ein kurzes Zeitfenster, um die bisherigen Ergebnisse seiner Gruppe vorzustellen und um Feedback zu bitten oder um die Vertreter der anderen Gruppen zu konkreten Fragen zu interviewen.
Um die Vernetzung weiter zu steigern, können die Mitglieder der Themengruppen ihre Buchstabenkärtchen nach der ersten Vernetzungsphase untereinander tauschen, sodass sich die Zusammensetzung an den Vernetzungsstationen jedes Mal ändert.

STEHEN SIE VOR EINER GROSSEN HERAUS-
FORDERUNG UND MÖCHTEN DIE KOMPETENZ
MÖGLICHST VIELER MITARBEITER GEZIELT
EINSETZEN, UM IN KURZER ZEIT ZU EINER
GEMEINSAM GETRAGENEN LÖSUNG ZU GELANGEN?
MÖCHTEN SIE IHRE MITARBEITER BEI DER
BEARBEITUNG REALER UND RELEVANTER FRAGE-
STELLUNGEN UNTEREINANDER VERNETZEN
UND DEN WISSENSAUSTAUSCH ANREGEN?
BAUEN SIE VERNETZUNGSTECHNIKEN IN IHRE
GROSSGRUPPENFORMATE EIN!

Quellen und Literatur

Pruckner, M.: Management im Kopf: Ashbys Gesetz – Komplexität meistern (https://diepresse.com/home/karriere/karrierenews/5052247/Management-im-Kopf_Ashbys-Gesetz-Komplexitaet-meistern), 2016

Radics, S.: Magical team size numbers – 2, 3, 5-7, 12, 50, 150, 1500 and how to avoid wasting everybody's time (http://www.ontheagilepath.net/2015/12/magical-team-size-numbers-2-3-5-7-12-50-150-1500-and-how-to-avoid-wasting-everybodys-time.html), 2015

Team Profile

Hinz, O., Der Projektkapitän, 2014

Gellert, M, Nowak, C., Teamarbeit-Teamentwicklung-Teamberatung, 2004

Teamzeit

Bownbag-Sessions (https://de.wikipedia.org/wiki/Brownbag)

Liberating Structures

Liberating Structures (http://www.liberatingstructures.com/)

Liberating Structures Lab Berlin, regelmäßiges Meetup (https://www.meetup.com/de-DE/Liberating-Structures-Lab-Berlin)

Scrum

Das Agile Manifest, deutsch (http://agilemanifesto.org/iso/de/manifesto.html), 2001

Der Scrum Guide, deutsch (http://www.scrumguides.org/docs/scrumguide/v2017/2017-Scrum-Guide-German.pdf), 2017

Foegen, M., Battenfeld, J., Croome, D., Dorn, M., Gansser, C., Kröll, A. K., Meyser, A., Porro, S., Raak, C.,
Der Ultimative Scrum Guide 2.0 Taschenbuch – wibas GmbH 2014

Mob Working

Krause, A.: next level of scrum: Was ist Mob-Programming? (https://de.linkedin.com/pulse/next-level-scrum-ist-mob-programming-alexander-krause), 2016

Appreciative Inquiry

Art of Hosting, Methoden (http://www.artofhosting.org/de/what-is-it/methods/)

Kybernetische Vernetzung

Scheytt, S.: Da muss es doch was geben … (https://www.brandeins.de/archiv/2003/fuehrung/da-muss-es-doch-was-geben/), 2003

Gruppenbing (http://gruppenbing.de/bing)

Borck, G.: WissensDrehScheibe: Die Praxisanleitung für Moderatoren, 2013

#PM2025 THESE 4

Von **Geschlossen** zu **Offen**

Analyse
Kostenvorteile
Rivalität
Abschottung
Verträge
Ausschreibung
Streng geheim
Konkurrenz
Geschlossen
Standardisierung
Benchmarking
Abgrenzung
Bewahren
Spionage
Schnittstellen
Elfenbeinturm
Einladung
Wagen
Kooperation
Inspiration
Wettbewerb
Kundennutzen
Partnerschaften
Open-Innovation
Offen
Inspiration
Vielfalt
Integration
Nahtstellen
Co-Kreation
Vertrauen
Vernetzung

„Märkte sind Gespräche.“

[Cluetrain Manifesto]

Gehen wir noch einen Schritt weiter:

Wenn trotz selbstorganisierender Teams und dem gezielten Einsatz von Großgruppenformaten (→ **These 3**) die interne Komplexität noch immer nicht ausreicht, um eine passende Antwort auf die hohe Komplexität und Dynamik (→ **These 1**) des Marktes zu finden, dann ist Öffnung der nächste logische Schritt.

Wenn Unternehmen sich öffnen, dann ist das bisher in der Regel ein sehr vorsichtiges und kontrolliertes Sich-Öffnen.

Beispiel Ausschreibungen: Auftragnehmer werden durch komplizierte Ausschreibungsverfahren gesucht, ausgewählt und mit einem klaren Auftrag versehen. Der Auftragsgegenstand wird dazu zuvor intern möglichst konkret definiert, um für alle potenziellen Auftragnehmer gleiche Voraussetzungen zu schaffen. Kreative Lösungen der Auftragnehmer werden durch ein solches Verfahren sehr limitiert, teilweise sogar ausgeschlossen.

Wenn dann noch der (möglichst geringe) Preis das Hauptkriterium bei der Auftragsvergabe darstellt – schließlich ist alles andere ja klar vorgegeben und daher einheitlich – wird es gefährlich: Auftragnehmer kalkulieren ihr Angebot also möglichst günstig, um den Zuschlag zu bekommen. Zugleich investieren sie in so genanntes „Claim Management", um doch noch Lücken im Auftrag zu finden. So können sie in der laufenden Zusammenarbeit möglichst oft Nachschlag einfordern. Projekte werden zwangsläufig teurer als geplant, weil sie sich sonst für den Auftragnehmer gar nicht rentieren würden. Im Gegenzug wird der Auftraggeber die Vorbereitung der nächsten Ausschreibung noch akribischer betreiben, um möglichst wenige Schlupflöcher im Vertrag zu lassen. Das Misstrauen ernährt sich selbst und Vorurteile, dass „der andere mich übers Ohr hauen will“ und „immer noch Puffer herauszukitzeln ist“ bestätigen sich selbst!

Bei Vorhaben unter hoher Komplexität und Dynamik (→ **These 1**) ist dieser Weg aussichtslos und wenig sinnvoll – oder auf den Punkt gebracht: reine Verschwendung!

Beispiel Produktinnovation: Neue Produktideen werden oft in abgeschotteten Abteilungen für Forschung und Entwicklung konzipiert. Die Innovation bleibt möglichst lange streng geheim, schließlich könnte die Konkurrenz sie ja sonst kopieren. Die zentrale Frage, ob das neue Produkt am Markt erfolgreich werden wird, wird wegdelegiert: Im besten Fall wird ein Marktforschungsinstitut damit beauftragt, das Marktpotenzial bei der Zielgruppe statistisch fundiert zu ermitteln. Oder man überlässt das nach Markteinführung dem Vertrieb.

Auch hier gilt: **Bei echten Innovationen, also bei wirklich neuen Produkten oder gar neuen Produktkategorien und noch gar nicht existierenden Märkten, bleibt so ein hohes Restrisiko**, ob es wirklich einen ausreichenden Markt für das neue Produkt gibt. Da braucht es mehr Offenheit!

Mehr und frühere Offenheit kann bei echter Pionierarbeit (→ These 2) gleich an drei Stellen wirken:

Inspiration: Offene Gespräche mit Kunden, Nutzern, Lieferanten und Partnern bringen immer neue Erkenntnisse, andere Perspektiven und frische Ideen. Die große Kunst liegt darin, die wirklich relevanten Aspekte zu erkennen und zu nutzen.

Sicherheit: Offene Gespräche mit der Zielgruppe erlauben schon zu einem frühen Zeitpunkt, die eigene Idee zu prüfen, bevor man viel Geld und Zeit in die Umsetzung investiert.

Potenzial: Durch Gespräche auf Augenhöhe können sich ungeahnte Potenziale für Zusammenarbeit und für neue Partnerschaften entwickeln. Manche Innovationen werden so erst möglich.

Spricht man mit erfahrenen Gründern und Kennern der Startup-Szene über die größten Fehler, die man als Gründer machen kann, so hört man immer wieder: „Die eigene Idee geheim halten, nicht darüber sprechen!"

Erfolgreiche Alternativen zur Abschottung zeigen aktuelle Ansätze und Schlagwörter wie Open Innovation, Co-Creation, Crowdsourcing und Crowdfunding sowie der Trend zu Open Source, Creative Commons und zur Plattformökonomie oder Share Economy. So laufen beispielsweise die Systeme eines erfolgreichen Videostreaming-Dienstes auf den Cloud-Servern eines direkten Konkurrenten.

Es geht also darum, die Welt außerhalb des Unternehmens nicht mehr nur ausschließlich als Lieferant, Kunde oder Konkurrenz zu betrachten, sondern situativ in unterschiedlichen Rollen in die eigene Wertschöpfung zu integrieren, von der Idee über die Umsetzung bis hin zu Werbung (Social Media) und Verkauf (Affiliate Programme). Und Gleiches gilt auch innerhalb des eigenen Unternehmens: **Abschottung ist toxisch!** Innovationen halten sich nicht an Abteilungsgrenzen, neue Geschäftsmodelle brauchen zur Wertschöpfung neue Formen der Zusammenarbeit. Eine bewährte Möglichkeit, diese interne Abschottung aufzubrechen, sind Projekte – Projekte sind per Definition (siehe **DIN-Norm, → These 2**) eine Form der Zusammenarbeit über Abteilungsgrenzen hinweg.

Offen sein ist vor allem auch eine Haltung: Es bedeutet, sich einzugestehen, dass man unter steigender Komplexität und Dynamik nicht alles planen und kontrollieren kann. Erst dann wird der Zufall zur Chance statt zur Gefahr. Erst dann werden Partner sich mit ihren Ideen und Unterschieden wirklich engagieren und einbringen.

Dabei braucht Offenheit ein Mindestmaß an Vertrauen – umgekehrt sind Offenheit und Transparenz Voraussetzungen für Vertrauen!

Man kann Vertrauen weder einfordern noch befehlen, aber man kann Vertrauen „schenken" und die Rahmenbedingungen dafür schaffen, dass gegenseitiges Vertrauen entstehen kann: Wenn ein Team hinter verschlossenen Türen arbeitet und niemand sehen kann, was dort passiert, entstehen in den Köpfen der nicht

Beteiligten zwangsläufig eigene Vorstellungen, Mutmaßungen und Misstrauen. Auf der anderen Seite ist die verschlossene Tür oft ein Schutzmechanismus, also ebenfalls ein Ausdruck von Misstrauen: Man befürchtet, von den anderen gestört, nicht verstanden oder gar hintergangen zu werden. So entsteht eine Misstrauensspirale: Kontrollen wie regelmäßige Statusberichte werden eingeführt. Damit bindet man auf der anderen Seite allerdings nur Energie in nicht wertschöpfenden Tätigkeiten, denn diese wird versuchen, trotz der Berichterstattung möglichst wenig offen preiszugeben. Offenheit und Transparenz verhindern dagegen dieses gefährliche „Kopfkino".

Hat sich bereits ein Klima des gegenseitigen Misstrauens verfestigt, braucht es vor allem Mut, um die sich selbst verstärkende Misstrauensspirale zu durchbrechen. Dies gelingt durch einen einseitigen, bedingungslosen Vertrauensvorschuss: Eine Seite fängt ohne Bedingungen an, Transparenz zu schaffen, Vertrauen zu schenken, Verantwortung zu delegieren, auf Kontrollen zu verzichten etc. Dies kann in kleinen, vorsichtigen Schritten erfolgen und nach und nach – bei wachsendem gegenseitigen Vertrauen – ausgeweitet werden.

Die Hirnforschung zeigt, dass faires Verhalten schnell zu unterbewusstem Vertrauen führt. Genauso schnell führt jedoch unfaires Verhalten zum Verlust des Vertrauens – hier ist es wichtig, bewusst eine zweite Chance zu geben, also ein zweites Mal einen Vertrauensvorschuss einzuräumen, auch wenn der erste Scheck nicht eingelöst wurde, und dies auch transparent zu machen. Wenn Ihr Vertrauen trotzdem wieder ausgenutzt wird, dann scheinen die Voraussetzungen für eine vertrauensvolle Kooperation nicht gegeben zu sein.

Die Herausforderung liegt vor allem darin, die Furcht vor der Öffnung abzulegen:

WIEVIEL KANN ICH VON MIR PREISGEBEN, OHNE MICH SELBST VERWUNDBAR ZU MACHEN? DAS GEHT NICHT VON NULL AUF HUNDERT SONDERN IST EIN SCHRITTWEISER PROZESS. ABER ES LOHNT SICH, DEN ERSTEN SCHRITT ZU TUN!

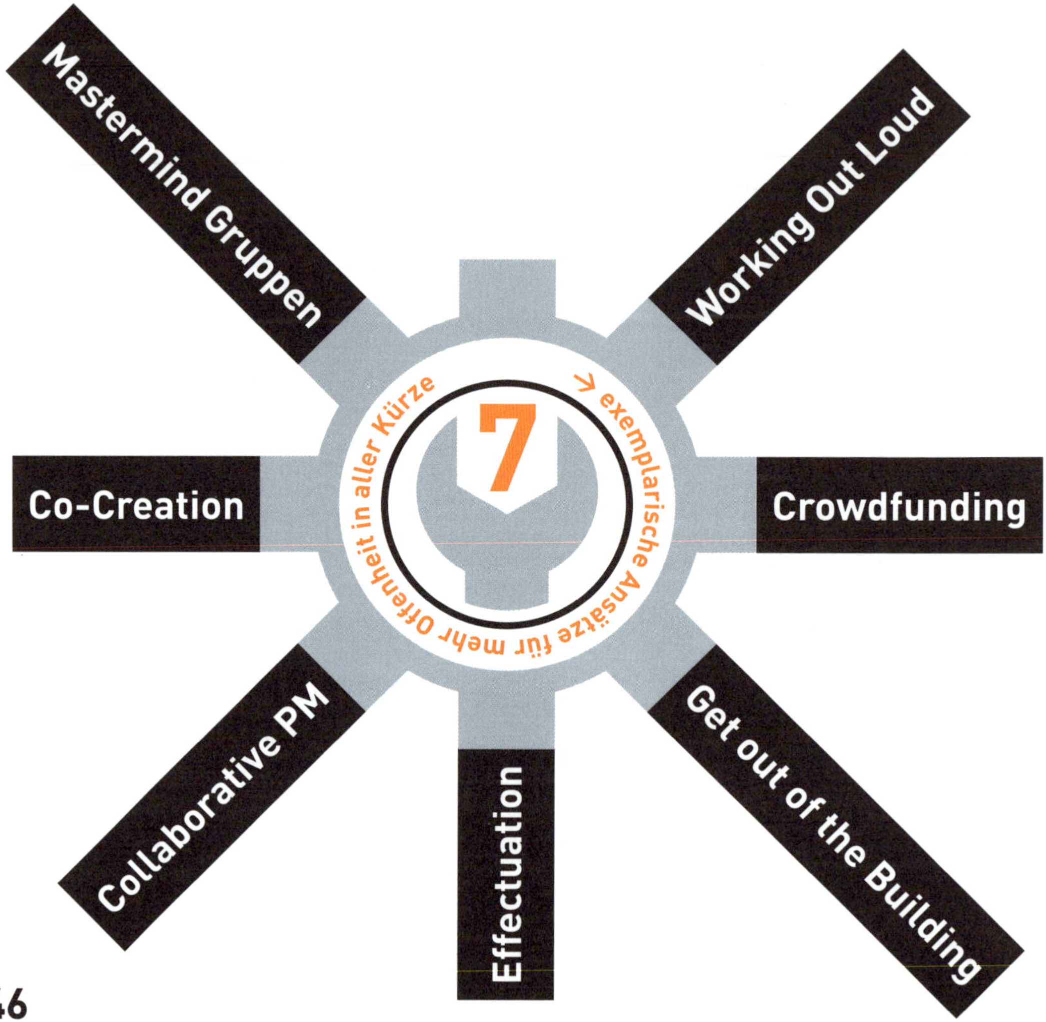
7
→ exemplarische Ansätze für mehr Offenheit in aller Kürze
Mastermind Gruppen
Working Out Loud
Co-Creation
Crowdfunding
Collaborative PM
Effectuation
Get out of the Building

Effectuation

„Wie handeln und entscheiden erfolgreiche Mehrfach-Gründer unter Ungewissheit?“ So lautet die Ausgangsfrage der Effectuation-Forschung, begründet von der Verhaltensökonomin Saras D. Sarasvathy von der University of Virginia.

Erfolgreiche Mehrfach-Unternehmer wurden dabei beobachtet, wie sie an eine komplexe Gründungsaufgabe herangehen. Dabei kamen die Forscher zu interessanten Erkenntnissen: So verlassen sich erfahrene Entrepreneure bei Pionier-Vorhaben nicht auf das klassische Management-Repertoire wie Marktforschung, Investitionsrechnungen oder gar langfristige Projektpläne.

Der Grund dafür wird klar, wenn man sich die Startbedingung, also den Zustand der „Ungewissheit“ genauer anschaut: Im Unterschied zum „Risiko“ sind weder die Wahrscheinlichkeiten bestimmter Ereignisse, noch die möglichen Ereignisse bekannt. Ungewissheit herrscht bei komplett neuen Vorhaben, bei noch gar nicht existierenden Märkten. Und ohne Markt hilft auch keine Marktforschung.

Effectuation ist also vom Ursprung her keine klassische Methode, sondern basiert auf beobachtetem Verhalten besonders erfolgreicher Akteure. Effectuation ist damit vor allem eine Haltung. Nichtsdestotrotz wurden in den letzten Jahren in Forschung und Praxis sowohl ein iterativer Prozess als auch eine Vielzahl konkreter Instrumente, Techniken und Werkzeuge entwickelt. Diese helfen dabei, die fünf Prinzipien bei Gründungen, innovativen Projekten oder auch in der Organisationsentwicklung und im Coaching anzuwenden.

Denn es lassen sich bei erfolgreichen Gründern wiederkehrende Muster beobachten: Diese fünf Prinzipien für erfolgreiches Handeln unter Ungewissheit sind der Kern von Effectuation!

Mittelorientierung: Leite Handlungsoptionen und mögliche Ziele von Deinen verfügbaren Mitteln (→ **Mittelinventar**) ab, nicht umgekehrt. Gehe die ersten Schritte mit dem, was schon da ist. Verschwende keine Zeit damit, ein festes Ziel zu definieren, nur um dann festzustellen, dass die dazu notwendigen Mittel gar nicht vorhanden sind oder erst noch beschafft werden müssen.

Leistbarer Verlust: Handle stets so, dass Du Dir den Verlust jederzeit leisten kannst. Begrenze den potenziellen Schaden durch kleine Schritte. Verschwende keine Zeit mit Investitionsrechnungen und ROI-Kalkulationen, wenn die Zukunft ungewiss ist! Das Schlagwort „fail fast" ist eine Ausprägung des leistbaren Verlustes.

Partnerschaften: Frage potenzielle Partner, ob sie etwas zum Vorhaben beitragen wollen und können. Arbeite mit jenen, die sich aktiv einbringen. Sei offen für das Engagement Deiner Partner. Verschwende keine Zeit mit Partnern, die erst noch (mit Geld) zu überreden sind.

Unerwartetes Nutzen: Überraschungen passieren. Sei offen und nutze Zufälle aktiv als Chance für Dein Vorhaben. Verschwende keine Zeit mit Risikomanagement für Ereignisse, die sich nicht einmal erahnen lassen.

Zukunft gestalten: Behalte das Steuer in der Hand: „Alles was ich mit-gestalten kann, brauche ich nicht vorherzusagen!"

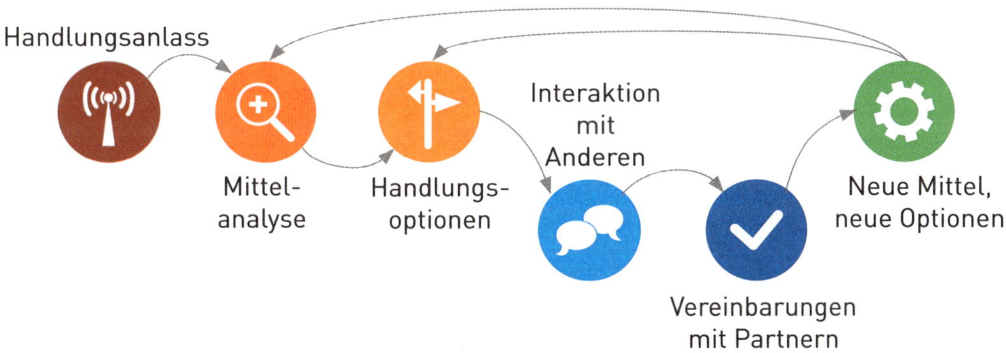

Ein wesentlicher Kern dieser Haltung ist es, offen für Zufälle und Partnerschaften zu sein und sich auf deren Impulse und Ziele einzulassen, statt die eigene Idee auf eigene Faust durchzuboxen.

AGIEREN SIE OFT UNTER UNGEWISSHEIT? STEHEN SIE ALSO VOR EINEM ERSTMALIGEN VORHABEN, FÜR DAS ES NOCH KEINE ERFAHRUNGSWERTE GIBT, VOR ECHTER PIONIERARBEIT? DANN LOHNT SICH EIN TIEFERER BLICK AUF EFFECTUATION ALS HALTUNG UND HEURISTIK FÜR ERFOLGREICHE ENTSCHEIDUNGEN! UND PROBIEREN SIE DIE EINE ODER ANDERE EFFECTUATION-TECHNIK EINFACH AUS!

Get out of the Building

Get out of the Building ist ein zentrales Prinzip im → **Lean Startup**-Ansatz und so ähnlich auch im Design Thinking (**Sprints**) verankert. Es ist vor allem eine Konkretisierung des Prinzips Kundenorientierung: **Get out of the Building bedeutet, dass man das eigene Gebäude, den eigenen Elfenbeinturm verlässt.** Es bedeutet, dass man direkt mit Kunden und Nutzern spricht und im realen Kontext beobachtet und interagiert, statt über Mittelsmänner (Anforderungsmanagement, Marktforschung etc.) gefilterte Informationen einzuholen.

Dabei geht es in frühen Phasen eines neuen Vorhabens zunächst einmal darum, in offenen Gesprächen herauszufinden, welche Probleme bei der Zielgruppe tatsächlich relevant sind. In einer späteren Phase kann auf diese Weise herausgefunden werden, ob die eigene Lösung und der kalkulierte Preis bei den Kunden und Anwendern auf echtes Interesse treffen.

Das klingt einfach, ist es aber nicht. Ohne es zu wollen, stellt man Fragen oft so, dass man die gewünschten Antworten erhält. Oder man bekommt solche Antworten, von denen der Gesprächspartner denkt, dass der Fragende sie gerne hört. Gute Gespräche zu führen und neue Erkenntnisse daraus zu gewinnen, kann mal lernen, vorbereiten und üben. Es geht vor allem um Zuhören und Empathie!

Natürlich kann man nicht persönlich so viele Kunden befragen, dass man eine statistische Relevanz erreicht! Es geht hier zunächst darum, zwischen den Zeilen zu lesen, den Kontext zu verstehen, Muster zu erkennen und neue Aspekte zu entdecken. Tatsächlich reichen meist bereits fünf gute Gespräche mit typischen Vertretern der Zielgruppe aus, um mehr als 80 % der Probleme dieser Zielgruppe zu identifizieren, wie Jakob Nielsen, ein User Research Experte, bei der Analyse seiner eigenen Befragungen herausfand. **Aus guten Gesprächen gewinnen Sie neue Erkenntnisse. Diese können Sie dann später in standardisierten Umfragen oder durch Marktforschung statistisch validieren.**

Also rausgehen, aber wohin? Einfach auf die Straße? Finde ich da meine Zielgruppe? Vielleicht. Jedenfalls ist die Fußgängerzone ein guter Übungsplatz, allein schon um die Scheu loszuwerden, fremde Menschen anzusprechen.

Aber es geht auch zielgerichteter: Wenn Sie Ihre Zielgruppe schon kennen, dann können Sie sie gezielt besuchen, intern noch einfacher als extern. Sie könnten sie auch zu sich einladen oder einfach anrufen, doch dann entgehen Ihnen wichtige Informationen und Eindrücke zum spezifischen Kontext, in dem Ihre Zielgruppe agiert. Ideal ist es also, die Zielgruppe genau dort zu sprechen, wo sie sich mit Ihrem Thema beschäftigt: auf der Arbeit, beim Autofahren, beim Einkaufen etc.

Wenn Sie Ihre Zielgruppe noch nicht im Adressbuch haben, dann gehen Sie dorthin, wo Ihre Zielgruppe hingeht: Auf Messen, Konferenzen oder andere Veranstaltungen. Hören Sie zu, welche Themen und Probleme diskutiert werden. Und sprechen Sie direkt mit einigen Vertretern vor Ort – das ist leichter und effektiver als per Telefon oder E-Mail.

Eine weitere leicht umzusetzende aber sehr erkenntnisreiche Maßnahme: Setzen Sie sich einfach einmal neben einen Anwender und beobachten. Schauen Sie zu, wie ein Nutzer das bisherige Produkt oder den Prozess tatsächlich nutzt, wo er auf Probleme stößt und wie er sie umgeht. Und fragen Sie nach, um zu verstehen. Oder Sie schlüpfen selbst in die Schuhe Ihrer Zielgruppe und sammeln so eigene Erfahrungen aus erster Hand, zum Beispiel im Rahmen einer → **Hospitation**.

SIE SPÜREN, DASS DIE ARBEIT IM ELFENBEINTURM NICHT EFFEKTIV IST? SIE GEBEN SICH GROSSE MÜHE MIT ANFORDERUNGSANALYSEN UND BEKOMMEN AUCH GUTES FEEDBACK ZU KONZEPTEN UND PROTOTYPEN, DOCH WENN ES DARAUF ANKOMMT, KAUFEN ODER NUTZEN NUR WENIGE IHRE LÖSUNGEN? GEHEN SIE EINFACH ÖFTER RAUS, UND FÜHREN SIE WERTVOLLE GESPRÄCHE!

Ein neues Produkt auf den Markt zu bringen, ist immer ein Wagnis: In dynamischen/komplexen Märkten oder in noch gar nicht existenten Märkten hilft Marktforschung nur sehr bedingt bei der Abschätzung der Absatzchancen.

In Bezug auf frühe Startup-Phasen hört man oft das geflügelte Wort **„Fake it until you make it"**. Dahinter steht der Ansatz, die Nachfrage nach einem neuen Produkt oder einer neuen Dienstleistung zu erkunden, indem man es verkauft, bevor man es überhaupt (fertig) entwickelt hat. Man könnte meinen, das sei Betrug. Das ist es aber nicht, solange man dabei transparent und ehrlich bleibt – Crowdfunding verfolgt genau diesen Ansatz:

Auf speziellen Plattformen stellt man sein Projekt bzw. das geplante Produkt vor und sucht Käufer und Unterstützer, um die nächsten Schritte bzw. die Produktion vorzufinanzieren. Je nachdem, wie weit man bereits gekommen ist, wird nur die Idee bzw. das Konzept vorgestellt oder bereits ein erster Prototyp. Auf dieser Basis wird das künftige Geschäftsmodell erklärt, was konkret die Unterstützer in den Händen halten werden und für welche Schritte (z. B. Entwicklung, Produktion) noch Geld benötigt wird.

Die Nutzer der Plattform können das Projekt nun unterstützen, indem Sie das künftige Produkt kaufen – oft mit dem Anreiz, es günstiger zu erstehen als es später regulär kosten wird, teilweise mit speziellen Extras, die es später nicht mehr für jeden oder gar nicht mehr zu kaufen geben wird. So bietet Crowdfunding eine gute Gelegenheit, die Marktchancen eines geplanten Produktes unter sehr realen Bedingungen sehr früh und günstig zu überprüfen. Zudem können auch unterschiedliche Produktvariationen und Bündel aus mehreren Produkten oder Preisvarianten angeboten und damit getestet werden.

Es gibt keine validere Überprüfung der Kaufbereitschaft einer Zielgruppe für ein neues Produkt, als es wirklich zu verkaufen. Mit Crowdfunding ist dies früh, schlank und mit potenziell hoher Reichweite möglich.

Darüber hinaus ist es sehr einfach, mit den Unterstützern in die direkte Kommunikation einzutreten und aus ihrem Feedback zu lernen: Warum haben sie das Produkt gekauft? Welche Produkteigenschaft war kaufentscheidend? Was würden sie sich zusätzlich wünschen? Zufriedene Unterstützer haben zudem das Potenzial, zu „Fans“ und aktiven Multiplikatoren für das neue Produkt zu werden, die ihren Freunden und Bekannten über Soziale Netzwerke und andere Kanäle davon berichten.

All das sind positive Nebeneffekte zum eigentlichen Zweck des Crowdfundings: die Vorfinanzierung kostenintensiver Schritte, ohne Banken oder Investoren von der Wirtschaftlichkeit der eigenen Idee überzeugen zu müssen.

Crowdfunding eignet sich für die Vor-Finanzierung vielfältiger Produkte, in der Regel im Endkundengeschäft: von klassischen Hardwareprodukten über kreative Projekte wie Filme oder Bücher bis hin zu Software oder sogar Dienstleistungen. Häufig werden die Begriffe Crowdfunding und Crowdinvesting synonym verwendet, doch es gibt einen klaren Unterschied: Bei Crowdfunding finanziert man die Entwicklung bzw. Produktion eines Produktes durch den Vorab-Kauf eines konkreten Angebots. Bei Crowdinvesting dagegen erwirbt man Anteile am gesamten Unternehmen.

Crowdfunding können Sie auch intern einsetzen, um den Bedarf für ein neues Tool, einen veränderten Prozess o. Ä. zu testen, bevor Sie in die weitere Entwicklung einsteigen. Dazu braucht es nicht zwingend einer speziellen Crowdfunding-Plattform, Sie brauchen nur eine zentrale Stelle, auf der Interessenten Ihr neues Produkt vor-bestellen können, und einen möglichst großen Verteiler, den Sie ansprechen können.

SIE MÖCHTEN MÖGLICHST FRÜHZEITIG UND REALISTISCH ABSCHÄTZEN KÖNNEN, WIE IHRE (INTERNE ODER EXTERNE) ZIELGRUPPE AUF IHR GEPLANTES PROJEKTERGEBNIS REAGIERT? SIE MISSTRAUEN DEN ERGEBNISSEN VON MARKTANALYSEN, STAKEHOLDERBEFRAGUNGEN UND ANFORDERUNGSANALYSEN?

DANN KÖNNTE CROWDFUNDING, SOWOHL EXTERN ALS AUCH INTERN, EIN VIELVERSPRECHENDER ANSATZ SEIN. PROBIEREN SIE ES DOCH EINFACH EINMAL AUS!

Wir verstehen Co-Creation hier als **Oberbegriff für die Zusammenarbeit über Unternehmensgrenzen hinweg mit dem Ziel der Innovation.**

Bei Co-Creation werden die eigene Kundschaft und die Anwender der eigenen Produkte (oder Prozesse oder Werkzeuge) nicht mehr ausschließlich als passive Konsumenten angesehen. Vielmehr werden sie als Partner früh und aktiv in den Innovations- bzw. Produktentwicklungsprozess eingebunden. Denn wer kennt das Produkt schließlich besser als die, die es kaufen und nutzen? Und wer kann besser dazu beitragen, das Produkt zu verbessern?

Auch wenn der Nutzer und Kunde in der Regel im Fokus von Co-Creation steht, möchten wir den Begriff explizit weiter fassen. Wir schließen neben (neuen) Zielgruppen auch Experten aus Forschung und Wissenschaft, Lieferanten und andere Partner ein, bis hin zu Konkurrenten im Sinne von potenziellen Partnern, beispielsweise innovative Startups.

Um einen Co-Creation Workshop durchzuführen, sollten Sie folgende Schritte beachten:

A. Den Workshop vorbereiten

1. Schritt: Den Zweck und das Thema bestimmen

Legen Sie zunächst fest, auf welches Thema Sie sich konzentrieren und was genau Sie mit dem Co-Creation Workshop erreichen möchten. Möchten Sie in frühen Phasen Ihres Projektes Kundenanforderungen und „Customer Insights“ erkennen? Möchten Sie die Ideen Ihrer Lieferanten und Partner in Ihr Projekt einfließen lassen? Möchten Sie frühe Resonanz von Nutzern auf Ihre Produktideen erhalten?

2. Schritt: Die Teilnehmer identifizieren

Basierend auf der Zielrichtung, die Sie in Schritt 1 festgelegt haben, identifizieren Sie nun die benötigten Teilnehmer. Um die Kunden und Nutzer genauer zu identifizieren, können Sie Techniken wie Personas oder Value Proposition → **Canvas** einsetzen.

3. Schritt: Den Ablauf festlegen

Wählen Sie je nach Zielsetzung und Teilnehmer die passenden Methoden und den Zeitrahmen, und entwickeln Sie eine stimmige Dramaturgie für den Ablauf. Planen Sie ausreichend Raum und Zeit ein, sodass sich die Teilnehmenden kennenlernen und kreativ „warmlaufen“ können. Beginnen Sie mit einfachen Kreativitätstechniken, und werden Sie im Verlaufe des Workshops konkreter. Im Vordergrund steht das praktische Tun, also Methoden, bei denen man schnell ins Handeln kommt und gemeinsam „mit den

Händen denken" kann. Ideal sind Methoden, bei denen gemeinsam möglichst „greifbare" Ergebnisse entstehen.

4. Schritt: Die Voraussetzungen schaffen
Finden Sie einen Termin und einen passenden Raum für den Workshop: Achten Sie dabei auf ausreichend Platz und eine passende Atmosphäre, um gemeinsam kreativ arbeiten zu können. Und stellen Sie sicher, dass ausreichend Material zur Verfügung stehen wird. Abschließend laden Sie Repräsentanten der in Schritt 2 identifizierten Zielgruppen sowie Ihr Team zum Workshop ein.

B. Den Workshop durchführen

Es werden gemischte Arbeitsgruppen gebildet, die sich aus internen und externen Vertretern zusammensetzen. Die wichtigste Aufgabe des Moderators ist es, die Entwicklung einer offenen Atmosphäre innerhalb der Gruppen zu unterstützen. Zudem sollte er einerseits auf den Ablauf achten, andererseits aber auch ein Gespür dafür haben, wann es sich lohnt, den Ablauf anzupassen und der Energie der Gruppe zu folgen.

C. Den Workshop nachbereiten

Zum einen gilt es natürlich, die Ergebnisse festzuhalten und in die Projektarbeit zu überführen. Dabei geht es nicht nur um die „greifbaren" Ergebnisse sondern auch um die Erkenntnisse „zwischen den Zeilen", die Sie aus der Interaktion und der Beobachtung gewinnen konnten. Zum anderen können Sie auch die Chance nutzen, die Teilnehmer zur weiteren Mitarbeit einzuladen.

Co-Creation ist vor allem: Nicht reden, sondern fragen und zuhören. Nicht Themen vorgeben, sondern Formate zur Zusammenarbeit anbieten. Nicht Abläufe moderieren, sondern Räume öffnen.

Nutzen Sie die Chance, solche Workshops in Ihren eigenen Räumlichkeiten durchzuführen und ein guter Gastgeber zu sein: So zeigen Sie selbst Offenheit, geben Einblick in die eigene Organisation und bauen dadurch Misstrauen ab bzw. Vertrauen auf.

Ein weiterer Begriff, der oft im selben Zusammenhang verwendet wird, ist **„Open Innovation"**: Zum einen werden bei Open Innovation explizit sämtliche Interessierten außerhalb des eigenen Unternehmens eingeschlossen – nicht nur Kunden und Anwender. Zum anderen liegt hier der Fokus in der Regel auf der Ausschreibung und Abwicklung konkreter Ideenwettbewerbe über spezielle Onlineplattformen. Im Vergleich zu Co-Creation-Workshops findet also keine direkte Interaktion zwischen den Beteiligten statt, die eine wichtige Quelle von Innovationen darstellt. Dafür ist der Open Innovation-Ansatz besser skalierbar: Sie können mit derselben Plattform zeitgleich eine große Anzahl an Ideengebern und deren Ideen einbinden.

Ein dritter Begriff in diesem Zusammenhang: **„Crowdsourcing"** ist ein Kunstbegriff aus „Crowd" für (Menschen-)Menge und „Outsourcing" und beschreibt ein Auslagern von operativen Tätigkeiten an potenziell viele Menschen über spezielle Vermittlungsplattformen. Die ausgeschriebenen Aufgaben reichen von operativen Aufgaben und Routinearbeiten bis hin zu Kreativleistungen. All diese sind in der Regel kleinteilig, sodass sie auf viele Personen unabhängig voneinander aufgeteilt werden können, während bei Open Innovation alle Beteiligten parallel an derselben Aufgabe arbeiten.

ERTAPPEN SIE SICH IMMER WIEDER DABEI, DASS SIE IN KREATIVEN WORKSHOPS STUNDENLANG DARÜBER SPEKULIEREN, WAS IHRE KUNDEN UND NUTZER WÜNSCHEN, WELCHE PROBLEME SIE HABEN USW. USF.?

CO-CREATION UND OPEN INNOVATION SIND ZWEI ANSÄTZE, UM IHRE KUNDEN UND NUTZER FRÜHZEITIG IN DEN KREATIVPROZESS EINZUBINDEN. MIT CROWDSOURCING KÖNNEN SIE IHR PROJEKTTEAM SITUATIV ENTLASTEN. WELCHER ANSATZ KANN SIE IN IHREM PROJEKT VORAN BRINGEN?

Collaborative PM

Im Rahmen eines Projektes des PROSTEP iViP-Vereins wurde „Collaborative Project Management“ (CPM) entwickelt. Die Grundidee dahinter ist eine als Netzwerk aufgebaute Projektstruktur: **Anstelle einer Hierarchie von Teilprojekten oder eines Hauptprojektes mit beauftragten Zulieferern arbeiten gleichberechtigte Partner auf Augenhöhe zusammen am gemeinsamen Projekt!** CPM fokussiert sich dabei auf die Zusammenarbeit der Partner im Netzwerk, auf die Nahtstellen und Übergänge zwischen jeweils zwei Projektteilnehmern. Was intern auf Seiten der Partner passiert, wird nicht betrachtet.

Das bedeutet u. a., dass ein starker Partner einem anderen nicht das Projektvorgehen oder die Projektmanagement-Methodik vorgibt. Stattdessen soll jeder Projektteilnehmer die Methode anwenden, die er beherrscht und die für das jeweilige Gewerk sinnvoll erscheint.

Diese Haltung zeigt sich auch in den grundlegenden Prinzipien hinter CPM:
frühe und kontinuierliche Zusammenarbeit
Transparenz der relevanten Informationen
Pull-Prinzip zur partnerübergreifenden Planung

CPM ist ein schlankes Rahmenwerk, es empfiehlt nur einige wenige Werkzeuge, um Projekte zwischen Partnern zu koordinieren:
Eine gemeinsame **Interaktionskette:** Es werden nur jene Zeitpunkte dem Partner offengelegt und gemeinsam koordiniert, bei denen ein Partner etwas vom anderen benötigt (Pull-Prinzip). Diese Synchronisationspunkte werden von den Partnern in ihrer jeweiligen Vorgehensplanung (im Projektplan oder in der Sprint-Planung) berücksichtigt.
Eine gemeinsame **Issue List** bzw. ein **Backlog:** Offene Punkte aus der Zusammenarbeit und daraus resultierende Aufgaben werden in einer gemeinsamen Liste gepflegt und stetig aktualisiert.
Eine gemeinsame **Rollen- und Kommunikations-Matrix:** Rollen mit identischen Bezeichnungen können bei unterschiedlichen Partnern ganz unterschiedliche Befugnisse und Aufgaben haben. Das sollte zu Beginn eines gemeinsamen Projektes transparent gemacht werden. In einer Matrix werden die Verantwortlichen für Themengebiete auf beiden Seiten sowie mögliche Eskalationspfade definiert.

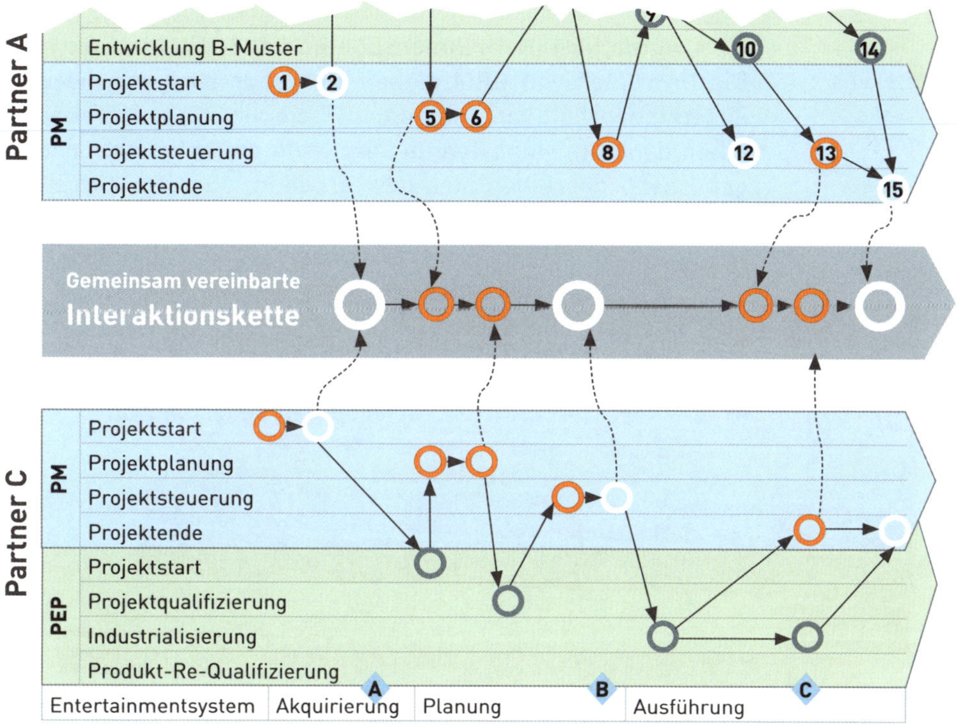

Außerdem wird empfohlen, zu Beginn der Zusammenarbeit ein gemeinsames **Glossar** aufzusetzen, um partnerübergreifend die wichtigsten Projekt-Begrifflichkeiten zu klären. Damit wird gewährleistet, dass man weniger häufig aneinander vorbeiredet.

CPM wurde für unternehmensübergreifende Projekte entwickelt. Die Prinzipien von CPM eignen sich aber auch für die interne Zusammenarbeit von autonomen Projekten. CPM bietet sich vor allem dann an, wenn Teams oder anderen Einheiten nicht zwingend nach derselben Methodik arbeiten, aber ein einheitliches Rahmenwerk für ein gemeinsames Vorhaben benötigen.

SIE STEHEN VOR EINEM PROJEKT MIT MEHREREN PARTNERN, DIE IHRE AUFGABEN JEWEILS GANZ UNTERSCHIEDLICH ANGEHEN? SIE AHNEN, DASS ES NUR ZU REIBUNGSVERLUSTEN BZW. ZU MEHRARBEIT UND INTRANSPARENZ FÜHRT, WENN EIN PROJEKTVORGEHEN FÜR ALLE PARTNER GELTEN SOLL?

SIE BRAUCHEN EINEN „KLEINSTEN GEMEINSAMEN NENNER“ FÜR DIE ZUSAMMENARBEIT?

DANN KANN COLLABORATIVE PM EIN PASSENDER ANSATZ SEIN!

Working Out Loud

„Working Out Loud“ bezeichnet sich selbst als eine **offene, freigebige und vernetzte Arbeits- und Lebenseinstellung**, unterfüttert durch Praktiken und Techniken, um diese Einstellung praktisch zu lernen und zu verinnerlichen.

Zusammengefasst geht es beim „Lauten Arbeiten“ darum, sichtbar (bzw. hörbar) zu werden: also transparent zu machen, woran man arbeitet und wer man ist. **Erst durch Sichtbarkeit und Transparenz entstehen neue Anknüpfungspunkte und Optionen für neue Verbindungen.** Denn wovon man nichts weiß, damit kann man sich auch nicht vernetzen. Das Ziel ist letztendlich, ein Netzwerk aufzubauen, aus dem dann Neues entstehen kann.

Die fünf Kernelemente sind:
Transparenz: die eigene Arbeit sichtbar machen und die Arbeitsergebnisse veröffentlichen, keine Wissenssilos mehr aufbauen und verteidigen – nur wer selbst sichtbar ist, kann auch Wertschätzung aus dem Netzwerk erfahren
Großzügigkeit: die eigene Expertise, Aufmerksamkeit, Anerkennung und Wertschätzung offen, hilfsbereit und großzügig all jenen anbieten oder schenken, die sie benötigen – nur wer selbst großzügig ist, erlebt Großzügigkeit aus dem Netzwerk
Vernetzung: ein Netzwerk mit vielen interdisziplinären und auf gegenseitigem Vertrauen basierenden Beziehungen ist die Basis für gemeinsame Lösungen und um voneinander zu lernen
Offenheit: Neugierde und der Respekt vor anderen Perspektiven, Impulsen und Feedback helfen dabei, die eigene Arbeit kontinuierlich zu verbessern
Fokus: eine klare Zielrichtung verhindert, dass man sich im wahllosen Vernetzen verirrt, und ermöglicht es, das Netzwerk für die Zusammenarbeit an Themen nutzen, die auf das eigene Ziel einzahlen

Dabei stellt sich jeder drei zentrale Fragen, die die Basis für die Vernetzung bilden:
Was ist mein Ziel? Was versuche ich zu erreichen? Was liegt mir am Herzen?
Wer könnte mit meinem Thema irgendwie in Bezug stehen? Wer könnte ebenfalls ein Interesse daran haben? Wer könnte mich unterstützen?
Was kann ich meinem Netzwerk anbieten? Wie könnte ich meinerseits helfen?

Da nicht jeder zum Netzwerken geboren ist, gibt es Hilfestellungen: Ein 12-wöchiges Schritt-für-Schritt-Programm, das man gemeinsam mit vier bis fünf Personen in einem so genannten „Circle" durchläuft. Jedes wöchentliche Treffen dauert ungefähr eine Stunde mit vordefinierter Agenda und Raum für Reflexion und gegenseitige Unterstützung. Ein Projektteam, das gemeinsam dieses Programm durchläuft, wird danach besser miteinander vernetzt sein, sowohl im eigenen Unternehmen als auch außerhalb des Unternehmens, und dadurch mehr Handlungsoptionen für das Projekt haben.

Ein Nebeneffekt, wenn **Working Out Loud** intern im Unternehmen angewendet wird: Durch die ständig voranschreitende Vernetzung entwickelt sich Schritt für Schritt eine gemeinsame Kultur der Offenheit und Zusammenarbeit. Wird die Vernetzung über die

Unternehmensgrenzen hinweg betrieben, verstärken sich die Beziehungen zu Partnern, Kunden, Anwendern und anderen Experten.

Eine entscheidende Grundhaltung hinter Working Out Loud ist, **dass man für Großzügigkeit belohnt werden wird, da Großzügigkeit „ansteckend" wirkt**: Wenn man also anderen hilft, ohne direkt dafür eine Gegenleistung einzufordern, besteht eine große Wahrscheinlichkeit, dass man selbst Unterstützung bekommt, wenn man sie benötigt. Vertrauen ersetzt Misstrauen. Damit das auch in speziellen Fällen funktioniert, braucht es ein entsprechend großes und vielfältiges Netzwerk. Netzwerkaufbau und Beziehungspflege zahlen sich also aus: Wenn mir meine direkten Kontakte vertrauen, mir aber selbst nicht weiterhelfen können, werden sie ihre Kontakte gerne fragen und so weiter.

MÖCHTEN SIE SICH SELBST BESSER VERNETZEN ODER IHRE MITARBEITER IM PROJEKT DAZU ANREGEN, SICH BESSER ZU VERNETZEN? SIE SIND DAVON ÜBERZEUGT, DASS EINE BESSERE VERNETZUNG MEHR HANDLUNGSOPTIONEN ERÖFFNET? SIE WISSEN ABER NICHT GENAU, WIE SIE DAS ANGEHEN SOLLEN? DANN IST DAS 12-WOCHEN-PROGRAMM VON WORKING OUT LOUD EINEN VERSUCH WERT!

Mastermind Gruppen

In so genannten Mastermind-Gruppen treffen sich **Menschen mit ähnlichen Herausforderungen aber unterschiedlichen Hintergründen.** Zum Beispiel treffen sich Gründer/Unternehmer aus unterschiedlichen Branchen, um sich gegenseitig zu unternehmerischen Herausforderungen zu beraten. Insofern besteht eine große Ähnlichkeit mit **Communities of Practice** über Unternehmensgrenzen hinweg, allerdings sind es hier kleinere Gruppen.

Das Konzept der Mastermind Gruppen wurde von Napoleon Hill bereits 1925 erstmals beschrieben, nachdem er herausgefunden hatte, dass viele erfolgreiche Persönlichkeiten (u.a. Henry Ford, Thomas Edison, Theodore Roosevelt und John D. Rockefeller) in solchen Mentoring-Gruppen aktiv waren.

Eine Mastermind Gruppe besteht idealerweise aus drei bis acht Mitgliedern – bei zwei Personen würde man eher von einem → **Mentoring** sprechen, bei größeren Gruppen ist die Komplexität der Kommunikation und Organisation immer schwerer zu handhaben.

Im ersten Treffen legt jeder Teilnehmer seine persönlichen Ziele bzw. Herausforderungen offen, also die individuelle Motivation und die eigene Erwartungshaltung an die Mastermind-Gruppe. Zudem werden gemeinsame Regeln bestimmt und eventuell auch ein Organisator/Moderator festgelegt.

Ein typischer Ablauf eines Mastermind-Treffens:
Rückblick: Jeder Teilnehmer berichtet, welche Erfolge er seit dem letzten Treffen erzielen konnte
„Hot Seat": Ein Teilnehmer stellt die wichtigste aktuelle Herausforderung vor. Anschließend diskutieren die anderen über das Thema und mögliche Ansätze zur Lösung im → **Kollegiale Beratung**-Format. (Je nach Bedarf der Teilnehmer und nach verfügbarer Zeit können mehrere Hot Seat-Sessions aufeinander folgen.)
Maßnahmen ableiten: Aus jeder Hot Seat-Session werden konkrete Maßnahmen abgeleitet, die bis zum nächsten Treffen angegangen werden sollen. Diese Maßnahmen sind dann wiederum Thema beim nächsten Review.
Etwas zurückgeben: Die Personen, die im Hot Seat gesessen und konkrete Unterstützung von den anderen Teilnehmern erhalten haben, geben im Gegenzug etwas zurück, was den anderen helfen könnte.

Die Treffen der Gruppe sollten möglichst regelmäßig stattfinden (z. B. jeden Montag Abend oder jeden ersten Montag Abend im Monat), das erleichtert die Terminorganisation und führt zu Routine und Ritual. Kurze Intervalle (z. B. wöchentlich) erhöhen die Intensität des gemeinsamen Wirkens. Länger als einen Monat sollten die Treffen nicht auseinander liegen, sonst verliert man leicht die Bindung, und die Gefahr ist groß, die vorgenommenen Maßnahmen zu lange aufzuschieben. Die Dauer eines Treffens liegt (auch abhängig von der Größe der Gruppe) bei etwa 60 bis 90 Minuten.

Mastermind Gruppen helfen dabei, die eigenen Herausforderungen besser zu meistern. Man tauscht sich mit Menschen aus, die ähnliche Ziele und Herausforderungen haben. Und doch können sie ganz andere Perspektiven einbringen, da sie in unterschiedlichen Kontexten tätig sind: in anderen Branchen und Unternehmen – oder auch in den unterschiedlichen Bereichen innerhalb einer großen Organisation, z. B. Projektleiter aus unterschiedlichen Ländergesellschaften.

SIE MÖCHTEN SICH MIT ANDEREN VERNETZEN, DIE ÄHNLICHE HERAUSFORDERUNGEN UND DOCH ANDERE PERSPEKTIVEN HABEN? SIE SUCHEN NACH EINER FORM, DIE LOSEN BEKANNTSCHAFTEN EINEN RAHMEN ZUR GEMEINSAMEN WEITER-ENTWICKLUNG GIBT?

DANN KÖNNTE DAS MASTERMIND-FORMAT EIN GUTER ANSATZPUNKT SEIN!

Quellen und Literatur

Spitzer, M.: Geist & Gehirn, Vertrauen (https://www.br.de/mediathek/video/geist-und-gehirn-vertrauen-av:584f75d73b4679001192882e), ARD alpha, 2016

Effectuation

Faschingbauer, M.: Effectuation: Wie erfolgreiche Unternehmer denken, entscheiden und handeln, 2017

Effectuation, deutsche Webseite (http://effectuation.de)

Get out of the Building

Ries, E.: Lean Startup: Schnell, risikolos und erfolgreich Unternehmen gründen, 2014

Maurya, A.: Running Lean – Das How-to für erfolgreiche Innovationen, 2013

Blank, S.: Nail the Customer Development Manifesto to the Wall (https://steveblank.com/2012/03/29/nail-the-customer-development-manifesto), 2012

Fitzpatrick, R.: Der Mom Test: Wie Sie Kunden richtig interviewen und herausfinden, ob Ihre Geschäftsidee gut ist – auch wenn Sie dabei jeder anlügt, 2016

Crowdfunding

Crowdfunding (https://de.wikipedia.org/wiki/Crowdfunding)

Co-Creation

Co-Creation (https://en.wikipedia.org/wiki/Co-creation)

Collaborative PM

http://www.prostep.org/fileadmin/downloads/PSI_Recommendation_CPM_1-1_V3.0.pdf

Working Out loud

Working Out Loud, Circle Leitfaden (http://workingoutloud.com/circle-guides/)

Mastermind Gruppen

Mastermind Group (https://en.wikipedia.org/wiki/Mastermind_group)

#PM2025 THESE 5

Von **Wissen** zu **Können**

√144

Komfortzone
Debatten
Konferenzen
Selbstähnlichkeit
Fehler
Standardisierte
Aufgaben
Bücher
Modelle
Elfenbeinturm
Wissen
Konzepte
Absolvent
Zertifizierung
Logik
Gelehrte
Wissenssilo
Erbsenzählerei
Interaktion
Scheitern
Wert
schaffen
Erfahrung
Meister
Fremdheit
Mit neuen
Situationen
umgehen
Irrtümer
Können
Tun
Vernetzung
Offenheit
Improvisation
Unkonferenzen
Irritation

> „Niemand kann mehr, als er weiß. Niemand weiß mehr, als er kann."
>
> *[Robert Schumann]*

In Zeiten steigender Dynamik ist Wissen schnell veraltet,

... vor allem Wissen zu Technologien. Ein Buch über aktuelle Onlineplattformen oder Projektmanagement-Systeme ist schon am ersten Verkaufstag veraltet.

Es geht immer weniger darum, Routine-Aufgaben zu lösen – dies wird früher oder später von Algorithmen oder Robotern übernommen werden. Vielmehr geht es immer mehr darum, in unvorhersehbaren Situationen erfolgreich zu agieren. Dies gilt insbesondere in innovativen Vorhaben und Projekten.

In vielen Unternehmen wurden inzwischen Prozesse standardisiert und dokumentiert. Auch Projektmanagement-Handbücher gehören zum Standard-Instrumentarium. Solches Wissen ist eine gute Basis, doch was wirklich zählt ist die Anwendung des Wissens: das Können! **Erst das Können schafft aus Wissen echten (Mehr-) Wert.**

Ein Projektleiter, der nach einem gescheiterten Projekt sagt, er habe sich an alle Vorgaben und Prozesse gehalten, er habe also alles richtig gemacht, ist vielleicht ein Wissender aber ganz sicher kein Könner.

Wissen allein ist nicht in der Lage, Dynamik und Komplexität gänzlich beherrschbar zu machen. Konzepte beispielsweise sind dokumentiertes (Nicht-) Wissen. In der Regel entsteht ein Konzept in einer frühen Phase eines Projektes, also unter Unsicherheit und basierend auf Annahmen und Hypothesen. Doch ist das Konzept erst einmal „zu Papier“ gebracht, gibt es uns eine scheinbare Sicherheit. Wir tendieren dann oft dazu, dieses Konzept als abgesichert und verlässlich anzusehen – schließlich steht es da schwarz auf weiß. Oft verteidigen wir es sogar gegen neue Erkenntnisse – schließlich ist viel Denkarbeit und Wissen hinein geflossen. Manchmal wird dieser Effekt noch dadurch verstärkt, dass wir ein Konzept lesen und übernehmen, das wir gar nicht selbst erstellt haben: „Da wird sich schon jemand etwas dabei gedacht haben“.

Wissensaufbau erfolgt in der Regel durch Analyse der Vergangenheit: Es werden Muster erkannt und Kausalitäten abgeleitet. Doch es ist riskant, Vergangenheitswissen einfach in die Zukunft zu projizieren und auf dieser Basis zu planen. Den Satz „Prognosen sind schwierig, besonders wenn sie die Zukunft betreffen“ wird einigen klugen Köpfen zugeschrieben. Disruptive Innovationen lassen sich jedenfalls nicht vorhersagen.

Können dagegen beschreibt die Fähigkeit, auch in unvorhersehbaren Situationen erfolgreich zu agieren: Das eigene Wissen kann auf immer neue Situationen angewendet werden. Und das muss man üben. **Fahrradfahren lernt man nicht durch das Studium der physikalischen Kräfte, sondern durch Ausprobieren und Scheitern** – so lange, bis man das Fahren intuitiv beherrscht und in neuen, überraschenden Situationen gekonnt improvisieren kann. Und manche beginnen sogar damit, mit dem Rad zu spielen, neue Bewegungsabläufe und Tricks zu erfinden.

Doch wie kommt man vom Wissen zum Können?
Gibt es eine Abkürzung?

Leider nein! Aber schauen wir uns ein Denkmodell an,
das seinen Ursprung in den japanischen Kampfkünsten hat:
Shu-Ha-Ri.

Das Shu-Ha-Ri-Modell zeigt den Weg zum Können in drei Stufen des Lernens:

守

‚Shu‘, die erste Stufe, ist vergleichbar mit der Rolle eines Lehrlings. Man lernt, indem man Könnern nachahmt und deren Anweisungen und Regeln folgt. Erst wenn man die Regeln kennt und „die Handgriffe“ wirklich beherrscht, ist man bereit für die zweite Stufe.

破

‚Ha‘, die zweite Stufe, ist vergleichbar mit der Rolle eines Gesellen. Auf dieser Stufe geht es darum, die Theorie und die zugrunde liegenden Regeln und Prinzipien zu verstehen. Man lernt von weiteren Experten und erweitert das eigene Repertoire um neue Praktiken, die man situativ anwendet und daraus lernt.

離

‚Ri‘, die dritte und höchste Stufe, ist vergleichbar mit der Position eines Meisters oder geht noch darüber hinaus. Hier geht es nun darum, die gegebenen Regeln und Muster hinter sich zu lassen und darauf basierend eigene Wege zu beschreiten. Die Handgriffe sind tief im Unterbewusstsein verankert. Erste Erfahrungen mit Variationen und situativen Anpassungen sind bereits gemacht und reflektiert. Auf dieser Grundlage können nun eigene Praktiken innoviert und die einzelnen Elemente kreativ miteinander kombiniert werden.

WAS SOLL MAN ALSO ÜBEN?

Am besten genau das, worauf man sich vorbereiten möchte: Auf den Umgang mit Ungewissheit – beispielsweise indem man in Projekten die größten Unsicherheiten identifiziert, dazu Hypothesen aufstellt und diese validiert. Die praktische Validierung kann z. B. durch → **Experimente** bzw. frühe Prototypen (Design Thinking und → **Lean Startup**) erfolgen. Denn auch und gerade aus den Irrtümern wird man lernen.

Abschließend möchten wir noch betonen, dass sowohl für die Aneignung von Wissen als auch für das Können die intrinsische Motivation entscheidend ist! Wer für ein Thema brennt, z. B. weil er damit ein persönliches Ziel erreichen kann, wird sich das Wissen schneller aneignen, als jemand, für den es nur eine vorgegebene Pflichtaufgabe ist. Wem eine Tätigkeit Spaß macht und wer darin einen Sinn erkennt, wird schneller lernen als jemand, der nur eine Vorschrift befolgt.

Schaffen Sie Gelegenheiten, Sachen auszuprobieren, um die eigene Passion zu erkennen. Schaffen Sie Möglichkeiten, die individuellen Passionen auszuleben. Schaffen Sie Gelegenheiten, um mit- und voneinander zu lernen.

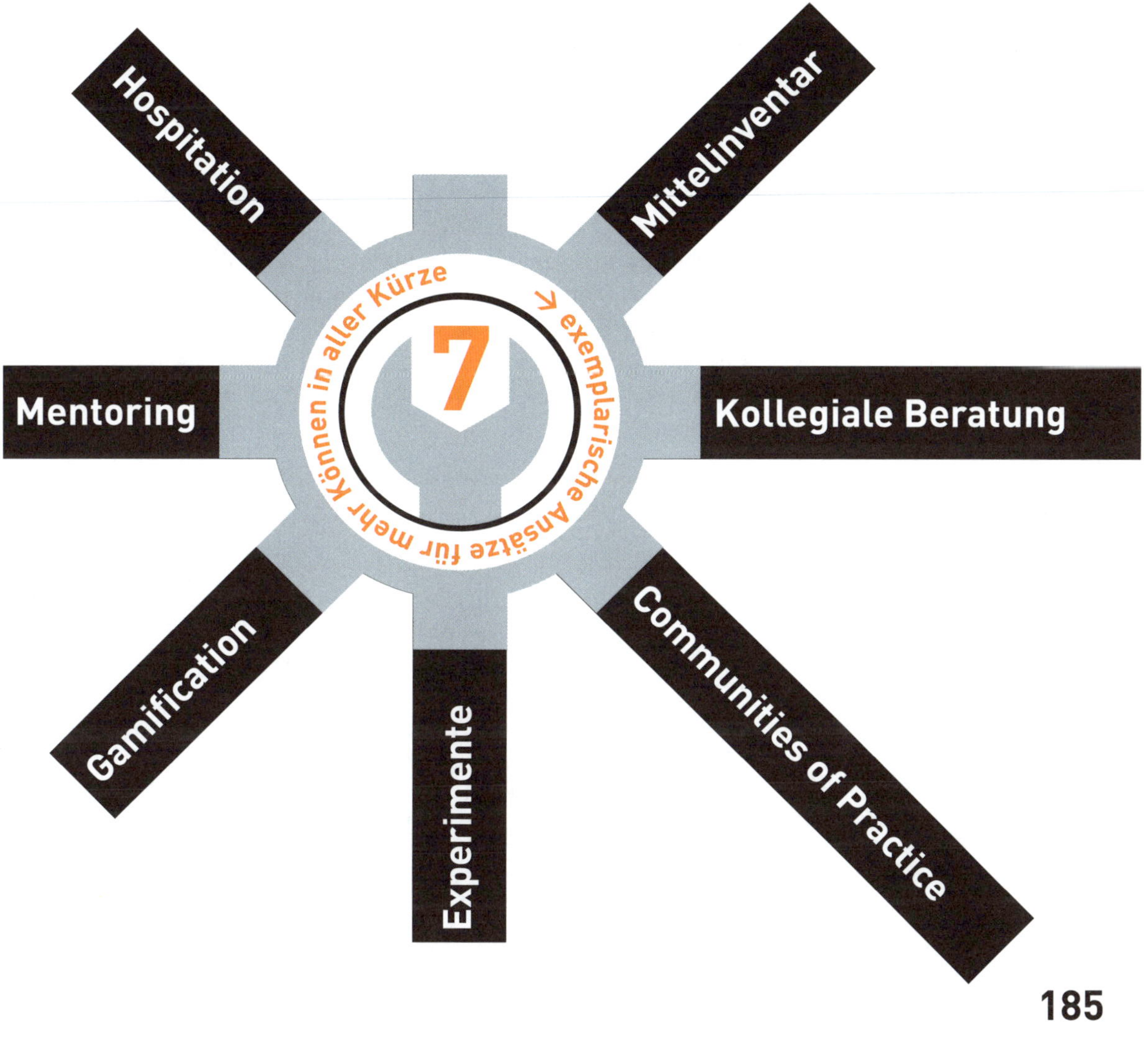
Hospitation
Mittelinventar
Mentoring
Kollegiale Beratung
Gamification
Experimente
Communities of Practice
7
Können in aller Kürze
→ exemplarische Ansätze für mehr

Ist im Unternehmen oder zumindest im Team überhaupt bekannt, was die einzelnen Personen alles wissen und können? Wahrscheinlich gibt es Stellenbeschreibungen mit Aufgaben und Verantwortlichkeiten. Vielleicht gibt es ein Intranet mit Mitarbeiter-Profilen oder eine Skill-Datenbank? Doch wie aktuell sind diese Informationen und wie gut werden sie gepflegt? Also: Wie verlässlich sind sie und wie hilfreich im jeweiligen Kontext, der sich dynamisch verändert?

Die → Effectuation-Forschung hat neue Erkenntnisse und Werkzeuge hervorgebracht. Eines dieser Werkzeuge ist das Mittelinventar:

Ein Mittelinventar wird z. B. zu Beginn eines neuen Vorhabens aufgestellt. Drei Fragen sollte sich jeder im Team beantworten:
Wer bin ich, wofür brenne ich? (Werte, Präferenzen, Motivatoren, ...)
Was kann ich, was fällt mir leicht? (Erlerntes, Fähigkeiten, Talente, Erfahrungen, Kompetenzen, ...)
Wen kenne ich, wozu habe ich Zugang? (Kontakte, Netzwerk, Ressourcen, ...)

Bei der Beantwortung kann der Fokus sehr konkret auf dem jeweils aktuellen Handlungsanlass liegen, z. B. ein anstehendes Projekt oder eine aktuelle Herausforderung in einem laufenden Projekt. Wenn es allerdings darum geht, möglichst viele Handlungsoptionen zu erhalten, weil man vor einer ungewissen, neuartigen Situation steht, kann man die drei Fragen auch sehr breit beantworten. Dann blickt man gezielt auch „über den Tellerrand" der eigenen Arbeit hinaus in Freizeitaktivitäten, Hobbies usw., was oft zu Überraschungen und neuen Optionen führt.

Die individuellen Mittel werden dann im Team vorgestellt. Dies führt zunächst einmal zu einem besseren Kennenlernen und der einen oder anderen neuen Erkenntnis übereinander. Auf dieser Basis kann das Team ein gemeinsames **Mittelinventar** erstellen und damit alle im Team verfügbaren Mittel transparent machen. Es gibt dem Team Kraft und Selbstbewusstsein, zu sehen, was man gemeinsam alles weiß, kann und worauf man im Laufe des gemeinsamen Vorhabens zugreifen kann.

In einem nächsten Schritt kann das gemeinsame **Mittelinventar** analysiert werden: Welche Mittel waren uns so gar nicht bewusst? Welche Mittel lassen sich kombinieren? Welche neuen Möglichkeiten ergeben sich für uns daraus?

Stellt man das Team-Mittelinventar dem erwarteten Bedarf für das gemeinsame Projekt gegenüber, so ergeben sich weitere Ansatzpunkte:
Wo sind wir als Team gut aufgestellt, wo haben wir Lücken?
Welche weiteren Mittel stehen uns zur Verfügung, aus denen wir gänzlich neue Lösungsansätze entwickeln können? Welche Lücken könnten wir damit ausgleichen?
Ergeben sich aus den vorhandenen Mitteln alternative Wege? Eine neue Rollenverteilung im Team? Neue Kommunikationswege nach innen und außen?
...

Dahinter steckt die unternehmerische Haltung, zunächst einmal mit den vorhandenen Stärken und Mitteln zu arbeiten und davon ausgehend auch das Ziel anzupassen, um schnell ins Handeln zu kommen.

Erst wenn diese Möglichkeiten ausgeschöpft sind und noch immer notwendige Mittel fehlen, geht es um gezielte Entwicklung (Trainings, → **Hospitation** etc.) oder passende Verstärkung des Teams.

Macht man die Mittelinventare in der gesamten Organisation transparent, so ergeben sich daraus neue Möglichkeiten.

Sie können die gezielte Vernetzung (→ **Working Out Loud** oder → **Mastermind Gruppen**) ermöglichen und dazu beitragen, dass bereits vorhandenes Wissen und Können im Unternehmen sichtbarer wird und damit auch besser genutzt werden kann.

AHNEN SIE, DASS VIEL MEHR IN IHREM TEAM SCHLUMMERT, ALS SIE WISSEN?

GERADE ZU BEGINN EINES PROJEKTES ODER BEI DER NEUZUSAMMENSTELLUNG EINES TEAMS GIBT DIE ERSTELLUNG EINES GEMEINSAMEN **MITTELINVENTARS** KRAFT UND ERÖFFNET NEUE MÖGLICHKEITEN! PROBIEREN SIE ES AUS!

Jeder Mensch lernt anders – manche lernen durch Lesen, manche lernen durch Zuhören oder Gespräche mit Experten. Wissen kann man sich auf ganz unterschiedliche/ individuelle Wege aneignen. Echtes Können entsteht aber durch Tun, durch Ausprobieren. Doch wie kann man etwas gänzlich Neues ausprobieren? Etwas, wovon man träumt aber zweifelt, ob es überhaupt den eigenen Fähigkeiten entspricht oder dass es einem wirklich gefallen wird?

Ein Weg, um Kenntnis und Klarheit zu gewinnen, ist die **Hospitation**: Man begleitet eine Zeitlang einen echten Könner, beobachtet ihn, unterstützt ihn und kann mit dessen Anleitung und Hilfestellung auch das eine oder andere selbst ausprobieren. Eine **Hospitation** ist insofern vergleichbar mit einem Praktikum, allerdings freiwillig und auf Augenhöhe, mit Geben und Nehmen.

Eine **Hospitation** kann sehr zielgerichtet erfolgen: Beispielsweise ist es bei Agile Coaches üblich, sich gegenseitig auch über Unternehmensgrenzen hinweg z. B. bei Trainings zu begleiten. Der Hospitant agiert als Co-Trainer und unterstützt den Trainer, während er gleichzeitig beobachtet und lernt. Anschließend erfolgt eine Reflexion: Der Hospitant stellt Fragen zum Trainingsaufbau, zu eingesetzten Techniken etc. Er erhält Erklärungen, die ihm helfen, seine eigenen Trainings zielgerichtet weiterzuentwickeln. Der Trainer bekommt wiederum Feedback vom Hospitanten aus dessen Perspektive und kann seinerseits daraus lernen.

Auch innerhalb eines Unternehmens macht das durchaus Sinn: So kann ein Hospitant aus einem Besuch in einem anderen Team die eine oder andere Inspiration, neue Praktiken und Methoden lernen und in das eigene Team einbringen. Umgekehrt gibt der dem besuchten Team wertvolles Feedback.

Eine **Hospitation** ist auch ein gutes Instrument für den Fall, dass jemand eine neue Rolle ausprobieren möchte, bevor er diese in einem neuen Projekt annimmt und ins kalte Wasser springt. Als Hospitant in einem ähnlichen Projekt kann man die neue Rolle beobachten, in der Praxis ausprobieren und erhält Feedback von den Könnern. So kann man für sich selbst Gewissheit erlangen, ob die neue Rolle zu einem passen könnte und was man noch zu lernen hat. Im Gegenzug bekommt das Team Feedback aus einer Außenperspektive ohne Scheuklappen und kann so eigene Praktiken in Frage stellen.

Oder Sie hospitieren bei Ihrer Zielgruppe, bei Ihren Anwendern, und bekommen so ein viel tieferes Verständnis für deren Aufgaben und Problemstellungen. Solche selbst erlebten Erkenntnisse sind für ein künftiges Projekt, Produktentwicklungen oder Prozessgestaltungen sehr wertvoll.

Unternehmensintern können → Communities of Practice dazu dienen, den passenden Partner für eine Hospitation zu finden. Unternehmensübergreifend sind beispielsweise Fachverbände und Branchenveranstaltungen geeignete Kontaktmöglichkeiten.

MÖCHTEN SIE, DASS IHRE KOLLEGINNEN UND KOLLEGEN IN VERSCHIEDENEN BEREICHEN, IN UNTERSCHIELICHEN PROJEKTEN BESSER VONEINANDER LERNEN? MÖCHTEN SIE EINFACHE MÖGLICHKEITEN BIETEN, NEUE TÄTIGKEITEN UND ROLLEN AUSZUPROBIEREN, OHNE SICH DIREKT FESTLEGEN ZU MÜSSEN?

HOSPITATIONEN SIND EIN EINFACHES ABER WIRKUNGSVOLLES MITTEL! PROBIEREN SIE ES EINFACH AUS!

Kollegiale Beratung

Fallberatung, Praxisberatung, Kollegiale Supervision, Case Clinic, wie auch immer man es nennt, gemeinsam ist allen diesen Verfahren, dass sie den „freien Blick" auf Themen, Konflikte und (Schein-)Harmonien im Alltag ermöglichen. Transparenz und Struktur des Verfahrens verhindern, dass vorschnelle Beurteilungen zu vermeintlichen Lösungen werden. Gleichzeitig erhalten die Teilnehmer (sog. Berater) ihrerseits Anregungen und Handlungsmöglichkeiten für ähnlich gelagerte Anliegen.

Eine Beratungsrunde mit 6–8 Teilnehmern dauert 45 bis 60 Minuten und folgt diesem grundsätzlichen Ablauf

1. Der Fallgeber stellt dar, wozu er den Rat der Anwesenden möchte.
2. Die anderen (Berater) stellen Verständnisfragen, bis sie das Thema und die erforderlichen Zusammenhänge ausreichend verstanden haben.
3. Der Fallgeber präzisiert die Frage an die anderen. Den nächsten Schritten hört er ausschließlich zu. Er gibt keine weitere Informationen, ergänzt nichts und stellt nichts klar..
4. „Gefühle und Impulse": Die Berater äußern sich kurz, welche Gefühle und Impulse sie zu der geschilderten Situation haben.
5. „Empfehlungen": Die Berater geben Empfehlungen – konkret auf die Fragestellung des Fallgebers bezogen.
6. Der Fallgeber sagt, welche Gedanken, Aspekte und Empfehlungen ihm wertvoll erscheinen und bedankt sich für die Anregungen und die Hilfe.

Zusammen mit der Vergabe von drei Rollen: **Moderator, Fallgeber** und **Berater** entsteht dann ein sehr wirksamer Prozess des Miteinander-Lernens.

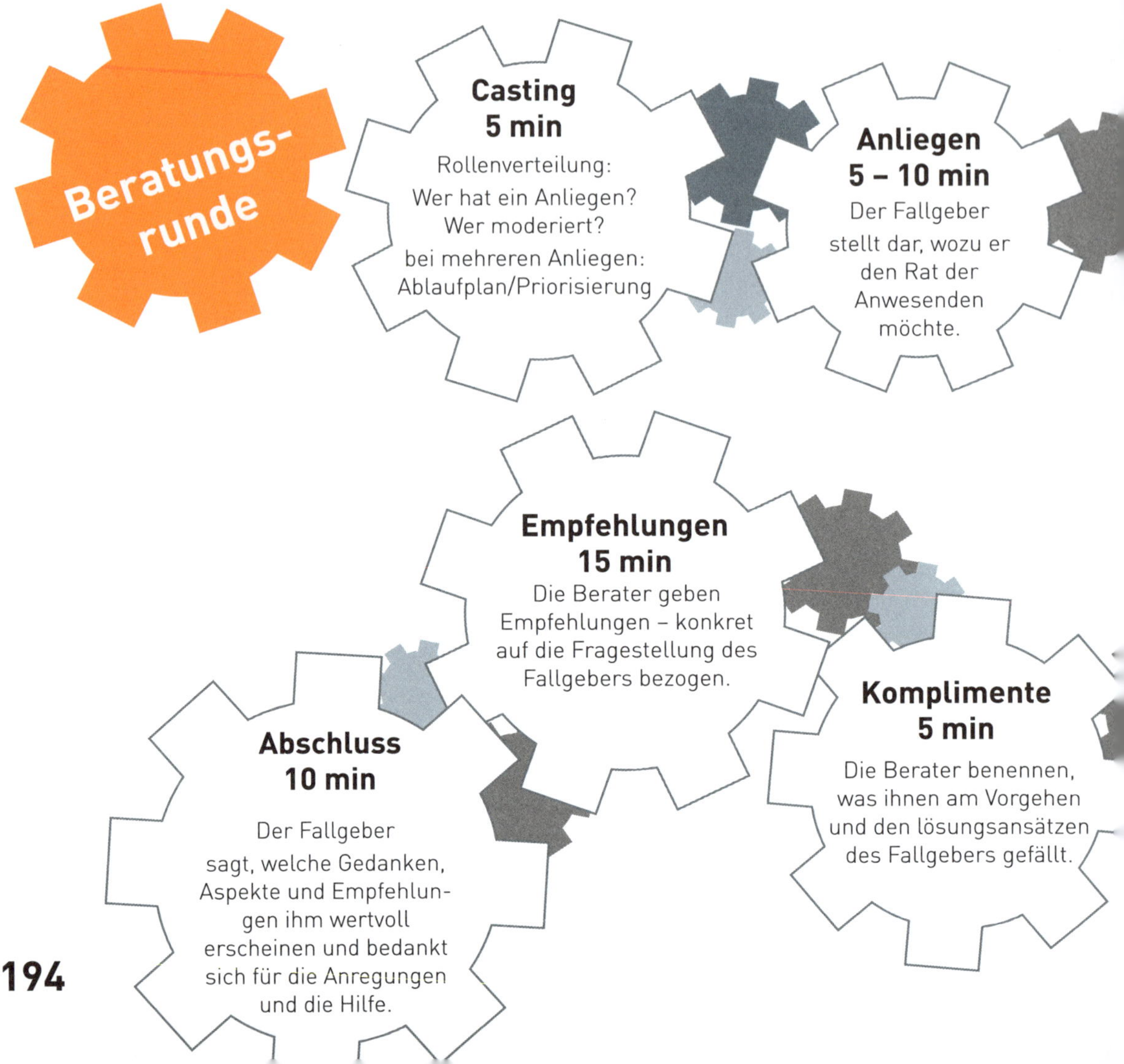
Beratungs-runde
Casting
5 min
Rollenverteilung:
Wer hat ein Anliegen?
Wer moderiert?
bei mehreren Anliegen:
Ablaufplan/Priorisierung
Anliegen
5 – 10 min
Der Fallgeber stellt dar, wozu er den Rat der Anwesenden möchte.
Empfehlungen
15 min
Die Berater geben Empfehlungen – konkret auf die Fragestellung des Fallgebers bezogen.
Komplimente
5 min
Die Berater benennen, was ihnen am Vorgehen und den lösungsansätzen des Fallgebers gefällt.
Abschluss
10 min
Der Fallgeber sagt, welche Gedanken, Aspekte und Empfehlungen ihm wertvoll erscheinen und bedankt sich für die Anregungen und die Hilfe.

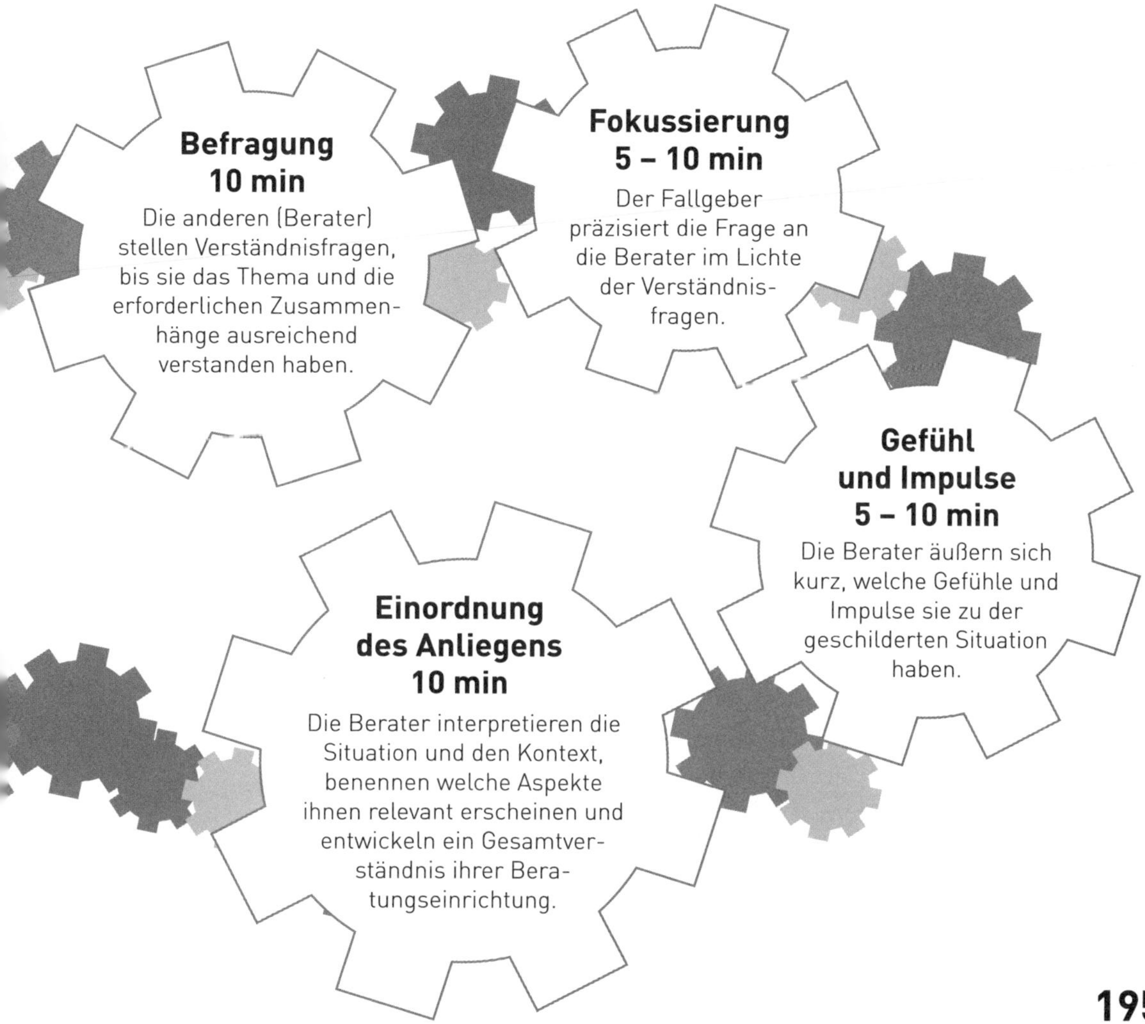
Befragung
10 min
Die anderen (Berater) stellen Verständnisfragen, bis sie das Thema und die erforderlichen Zusammenhänge ausreichend verstanden haben.
Fokussierung
5 – 10 min
Der Fallgeber präzisiert die Frage an die Berater im Lichte der Verständnisfragen.
Gefühl und Impulse
5 – 10 min
Die Berater äußern sich kurz, welche Gefühle und Impulse sie zu der geschilderten Situation haben.
Einordnung des Anliegens
10 min
Die Berater interpretieren die Situation und den Kontext, benennen welche Aspekte ihnen relevant erscheinen und entwickeln ein Gesamtverständnis ihrer Beratungseinrichtung.

Zu Beginn ist es sinnvoll, dass ein erfahrener Moderator den Prozess begleitet. Nach wenigen Beratungsrunden kann die Gruppe das Verfahren dann allein steuern.

Kollegiale Beratung ist effizient, braucht wenig Aufwand und eignet sich gut für Gruppen, in denen ein ausreichendes Vertrauensverhältnis besteht. Deshalb ist eine Arbeit über einen längeren Zeitraum empfehlenswert. Sie ermöglicht Beratung über Hierarchien und Bereiche hinweg. Aktuelle Situationen können handlungsorientiert bearbeitet und die individuelle praxisnah gestärkt werden. Dadurch erweitert sich der professionelle Handlungsspielraum der Teilnehmer.

MÖCHTEN SIE DAS INTERNE WISSEN HEBEN UND EINEN PROZESS INITIIEREN, IN DEM KOLLEGEN GEGENSEITIG IHR KÖNNEN ERWEITERN? STATT EINES EXTERNEN FACHTRAININGS, DAS WISSEN AUFBAUT, BRAUCHT ES MEHR KÖNNEN IN DER UMSETZUNG UND IMPLEMENTIERUNG?

KOLLEGIALE BERATUNG KANN EIN PASSENDER BAUSTEIN SEIN. PROBIEREN SIE ES AUS!

Experimente

Experimente haben vielerorts einen schlechten Ruf. Man verbindet damit planloses Herumprobieren oder „Trail and Error". Wir verstehen **Experimente** dagegen als empirisches, wissenschaftliches Vorgehen, um in unklaren Situationen, also unter Ungewissheit, mit begrenztem Risiko schnell neue Erkenntnisse zu gewinnen und zu lernen.

Grundvoraussetzung für den Einsatz von Experimenten ist das Vorhandensein von Unsicherheit bzw. das Bewusstsein, dass Unsicherheit vorhanden ist: → **THESE 1**

Es erfordert Mut, sich dies offen einzugestehen und transparent zu machen! Und Mut ist auch die Basis, um den nächsten Schritt, das **Experiment**, anzugehen – denn ein **Experiment** kann auch scheitern, schließlich geht es ja gerade um Unsicherheit. Aber es ist besser und günstiger, wenn ein frühes kleines **Experiment** scheitert, als wenn wir auf Basis einer falschen Annahme einfach weitermachen und das gesamte Projekt scheitert.

Zudem sind **Experimente** immer aktives, praktisches Tun und fördern so das Können. Dagegen umfasst Risikomanagement zunächst einmal vor allem passives Analysieren und Planen, in der Hoffnung, dass das Risiko nicht eintritt.

Im Projektkontext geht es im nächsten Schritt darum, die Unsicherheiten sichtbar zu machen, zu konkretisieren. Analysieren Sie dazu Ihr Projekt, Ihr Konzept, Ihr Geschäftsmodell dahingehend, wo es – wenn Sie ehrlich zu sich selbst sind – Unsicherheiten gibt. Für welche Annahme haben Sie schon Beweise? Jene Annahmen, für die Sie noch keine Beweise haben, bewerten Sie dann hinsichtlich der Kritikalität für Ihr Projekt. Die für Ihr Projekt kritischste Annahme sollten Sie als erste überprüfen!

Für genau jene kritischsten Annahmen entwerfen Sie nun ein passendes **Experiment**. Dazu formulieren Sie zunächst eine konkrete Hypothese – Idealerweise eine, die Sie mit einem **Experiment** eindeutig widerlegen können. Und Sie legen schon jetzt fest, wie genau Sie feststellen, dass die Hypothese widerlegt ist: durch eine messbare Kennzahl mit einem eindeutigen Zielwert.

Auf dieser Basis konzipieren Sie nun das **Experiment**: möglichst einfach, schnell und günstig in der Durchführung, zeitlich begrenzt und mit dem klaren Fokus auf die Validierung der Hypothese. Auf dieser Basis analysieren Sie anschließend die Ergebnisse.

Experimente in Projekten können sich auf den Projektgegenstand beziehen, also auf das zu entwickelnde Produkt, den anzupassenden Prozess, die Bedürfnisse und Probleme der Anwender. **Experimente** können aber beispielsweise auch die Zusammenarbeit im Team im Fokus haben: Wenn ein Team die interne Kommunikation verbessern möchte, gibt es viele Möglichkeiten, etwas zu ändern – es ist nicht immer einfach, sich auf auf einen Weg zu einigen. Probieren

Sie eine Option als zeitlich begrenztes **Experiment** aus, legen Sie dabei vorher fest, wie Sie feststellen, ob sich die Kommunikation verbessert. Nach Abschluss des **Experiments** können Sie auf Basis des Gelernten die Veränderung beibehalten, rückgängig machen oder ein neues **Experiment** starten.

Experimente erleichtern es, Entscheidungen zu treffen! Der potenzielle Schaden wird vor allem zeitlich begrenzt und die Möglichkeit, eine neue Entscheidung auf Basis neuer Erkenntnisse zu treffen, ist fest eingebaut.

Und vielleicht schaffen Sie auch außerhalb eines engen Projektrahmens Gelegenheiten für **Experimente** – die vielzitierte „Slack Time“ bei Google, also die Möglichkeit, 20 % der Arbeitszeit in freie Vorhaben – also **Experimente** – zu investieren, fördert praktisches Lernen, also Können, und Innovation.

Sie ahnen in Projekten oft schon zu Beginn, dass manche Annahmen nicht stimmen und ärgern sich später, dass Sie trotzdem einfach weitergemacht haben?

INTEGRIEREN SIE UNSICHERHEITS-ANALYSE UND **EXPERIMENTE** IN IHR STANDARDVORGEHEN! GEHEN SIE VOR, WIE EIN FORSCHER, WIE EIN WISSENSCHAFTLER UND WERDEN SIE SO ZU EINEM ECHTEN KÖNNER!

Gamification

Bei **Gamification**, wie wir es verstehen, geht es nicht darum, Menschen dazu zu bringen, sich mit anderen zu messen, um so die Leistung zu steigern. Vielmehr geht es vor allem darum, dass jeder seine eigene Entwicklung verfolgen kann. So kann jeder selbst abschätzen, wann er bereit ist für die nächste Herausforderung, „für das nächste Level".

Es geht also darum, den Spieltrieb des Menschen auch bei der Arbeit einzubringen und so die intrinsische Motivation zu unterstützen – auch, aber nicht ausschließlich, bei Routineaufgaben, die sonst oft schnell an Reiz verlieren.

Dabei werden hilfreiche Spiel-Prinzipien auf dem Arbeitskontext übertragen:
Klare Ziele: Spieler kennen das Ziel und wissen, was von ihnen erwartet wird. Idealerweise sind die Ziele sinnstiftend und passen zu den Werten der Spieler sowie zu den Unternehmenswerten.
Klare Regeln: Die Regeln und Grenzen sind bekannt bzw. leicht zu erlernen.
Transparenz: Spieler haben Zugang zu sämtlichen für den Erfolg im Spiel relevanten Informationen. Spieler sehen ihre eigene Entwicklung und Bestmarken. So können sie ihre eigene Weiterentwicklung transparent verfolgen.

Feedback: Spieler erhalten unmittelbar Feedback, wenn sie einen Fehler gemacht oder eine Aufgabe erfolgreich absolviert haben. Wenn Aktion und Resultat konsistent sind, können sie schnell lernen und ihr Verhalten entsprechend anpassen, wobei die Komplexität der Zusammenhänge im Spielverlauf steigen kann.

Entscheidungsfreiheit: Spieler haben die Freiheit zu entscheiden, was sie tun und wie sie agieren, um die Ziele innerhalb der Regeln und auf Basis der verfügbaren Informationen sowie des Echtzeit-Feedbacks zu erreichen.

Herausforderungen: Ein Spiel, das zu schnell zu einfach wird, wird baldlangweilig und verliert den Reiz. Ein Spiel, das zu schnell zu schwer ist, sodass man keinerlei Erfolgserlebnisse hat, frustriert und verliert ebenfalls den Reiz. Das Ziel ist der schmale Korridor zwischen Unterforderung und Überforderung, gespickt mit immer neuen Herausforderungen – dann geraten Spieler in einen Flow-Zustand. Dabei können auch Ziele und Regeln variieren, und die Komplexität kann im Spielverlauf gesteigert werden.

Zeitlich befristete Herausforderungen sorgen für neue Impulse und Fokus aber auch für Phasen der notwendigen Erholung. So können bestimmte Aufgaben nur im Team erledigt werden, um Teamorganisation und Zusammenarbeit zu fördern.

Es geht nicht darum, immer sämtliche Prinzipien einzusetzen und ein komplexes Spieldesign zu entwerfen – auch einzelne Elemente können durchaus Wirkung entfalten:

Das Berichten von Kennzahlen an außenstehende Gremien führt oft zu De-Motivation und teilweise sogar zu Manipulation (wahrscheinlich jeder kennt die „melonengrüne Ampel“: außen grün, innen rot). Ein Team dagegen, das ständig die eigenen Kennzahlen vor Augen und durch eigene Aktionen direkten Einfluss darauf hat, entwickelt dagegen oft ganz von selbst Engagement, um besser zu werden und „den eigenen Highscore zu knacken“.

Eine Bestenliste über Teams hinweg ist mit Vorsicht zu genießen: Es kann den Zusammenhalt der jeweiligen Teams steigern, birgt aber die Gefahr, dass Teams gegeneinander zu arbeiten beginnen. Dies sollte ausgeglichen werden, z. B. durch entsprechende Ziele, Regeln und direktes Feedback sowie durch Honorierung von teamübergreifender Kooperation als auch durch entsprechende (zeitlich befristete) Herausforderungen, die nur teamübergreifend erfolgreich zu absolvieren sind.

Sie möchten den Spieltrieb Ihrer Kolleginnen und Kollegen auch im Arbeitsalltag ansprechen? Sie möchten neue spielerische Impulse setzen, um Entwicklung und Zusammenarbeit zu fördern?

ACHTEN SIE DARAUF, KEIN WEITERES STARRES ZIELSYSTEM ZU IMPLEMENTIEREN! GAMIFICATION KANN, RICHTIG EINGESETZT, EIN MÄCHTIGES INSTRUMENT SEIN!

Mentoring

Mentoring beschreibt einen Beratungsprozess, in der eine lebens- und unternehmenserfahrene Person eine noch jung im Unternehmen arbeitenden Mentee gezielt begleitet. Ein guter Mentor stellt sein bewährtes Wissen zur Verfügung, erörtert mit seinem Mentee politisch-taktische Vorgehensweisen und öffnet ihm neue Netzwerke.

Mentoring wirkt im Projektkontext vor allem in folgenden Situationen:
In der Ausbildung und Einarbeitung: wenn erfahrene (zertifizierte) Projektmanager „junge" Projektmanager in der Ausbildungs- und Einarbeitungszeit mit Wissen, Lerntipps und beim Bewältigen der „typischen ersten Schritte" unterstützen.
In großen/komplexen Projekten: wenn Mentoren beim Umgang mit der Organisation helfen, ihr Netzwerk zur Mikropolitik zur Verfügung stellen und zeigen, wie Macht und Einfluss im Unternehmen verteilt sind bzw. genutzt werden können.
Der Mentor steht dem Mentee als Berater und als Förderer zur Seite. Im Unterschied zum Coach, der stets „außerhalb des Systems" arbeitet, ist der Mentor „Teil des Systems" und wirkt deshalb oft als Vorbild in unterschiedlichen Bereichen.

Offenes Feedback und kritische Diskussion sind wesentliche Voraussetzungen für ein erfolgreiches Mentoring. Im Unterschied zum Coach ist der Mentor üblicherweise nicht eigens für diese Tätigkeit ausgebildet, sondern verfügt lediglich über einen Erfahrungs- und/oder Wissensvorsprung.

Ziel des **Mentorings** ist die Vermittlung von Erfahrungswissen. Ein Mentor begleitet und unterstützt den Mentee mit seinem breiten und umfassenden Erfahrungsschatz bei der Meisterung von dessen Herausforderungen.

Der Mentor steht dem Mentee als Berater und als Förderer zur Seite. Im Unterschied zum Coach, der stets „außerhalb des Systems" arbeitet, ist der Mentor „Teil des Systems" und wirkt deshalb oft als Vorbild in unterschiedlichen Bereichen.

Das Tandem aus Mentor und Mentee wird immer dann erfolgreich sein können, wenn am Beginn des Prozesses klare Vereinbarungen stehen:
Was will der Mentee erreichen und wobei kann der Mentor ihn unterstützen?
Was ist innerhalb des Mentorings möglich und was nicht?
Wie oft und wo finden die Mentoringgespräche statt? Wie lange sollen sie dauern?
Wie bleibt man zwischen den Gesprächen in Kontakt? Welche Spielregeln gibt es untereinander?
Wie offen oder vertraulich soll mit den Inhalten der Gespräche umgegangen werden?

Erfolgreiches Mentoring wandelt auf einem schmalen Grat: zwischen wohl dosierter Unterstützung, hilfreichen Fragen und guten Ratschlägen einerseits und Besserwisserei, Überforderung oder Nachlässigkeit andererseits. **Folgende Bereiche sind daher wichtig und z. T. unerlässlich:**

Beide sollten nicht innerhalb einer Abteilung oder eines Bereiches beschäftigt sein, und der Mentor darf auf keinen Fall der direkte oder indirekte Vorgesetzte des Mentees sein.

Der Mentor sollte über ausreichend Erfahrung in der Leitung von komplexen Projekten verfügen und ein entsprechendes Kontaktnetzwerk im Unternehmen aufgebaut haben. Grundlegende Kenntnisse über lern- und entwicklungspsychologische Zusammenhänge, ausgeprägte Kommunikationsfertigkeit, eine hohe Konfliktbereitschaft und die Fähigkeit zum Perspektivenwechsel verbunden mit der Offenheit, sich auf den anderen einzulassen, ergänzen dieses Profil.

Qualifizierte Ausbildungsprogramme bieten Klarheit und stellen die grundlegenden Methoden und Instrumente bereit. Sie sorgen dafür, dass auch die Mentoren untereinander vernetzt sind und initiieren bei den Mentoren selbst weiterführende Lernprozesse.

MÖCHTEN SIE EINEN PROFESSIONELLEN AUSTAUSCH ZWISCHEN ALTEN HASEN UND JUNGEN HÜPFERN ORGANISIEREN?

SOLLEN ERFAHRENE MANAGER IHR KÖNNEN AN ANDERE WEITERGEBEN UND ERLEBEN, WIE BEREICHERND DAS IST?

ÜBERLEGEN SIE OB MENTORING EHER ÖFFENTLICH ODER GEHEIM STATTFINDEN SOLL?

PROBIEREN SIE ES AUS!

Communities of Practice

In **Communities of Practice** treffen sich Personen aus verschiedenen Bereichen einer Organisation, die ein gemeinsames Thema verbindet.

Ein Unternehmen ist immer ein komplexeres System, als es die formale Struktur abbilden kann. Diese Lücken in der formalen Organisation werden durch informelle Beziehungen geschlossen. Durch Angebote zur Vernetzung, z. B. durch Communities of Practice, kann das Entstehen von Beziehungen über Abteilungsgrenzen hinweg gezielt angeregt werden.

In einer klassischen Organisation mit funktionsorientierten Fachbereichen kann eine Community of Practice z. B. für Führungskräfte oder Projektleiter ein wertvolles Angebot sein. Die Mitglieder können sich über Bereichsgrenzen hinweg zu Führungsthemen und Methoden austauschen, voneinander lernen und gemeinsame Standards entwickeln.

In einer Organisation mit multidisziplinären Teams als primäre Organisationsstruktur haben Communities of Practice einen noch höheren Stellenwert: Sie bieten einen Rahmen für Vernetzung und Austausch zwischen Spezialisten aus unterschiedlichen Teams.

So füllen Communities of Practice im Rahmen einer Transformation von klassischer hin zu einer agilen Organisation oft die Lücke, die die bisherigen Fachbereiche hinterlassen. So treffen sich bspw. die auf viele crossfunktionale Teams verteilten Mitarbeiter der ehemaligen Abteilung Qualitätssicherung regelmäßig in ihrer Community of Practice „QS". Für die Mitarbeiter ist die Community of Practice ein Ort, wo sie mit den langjährigen Kolleginnen und Kollegen aus ihrer alten Abteilung in Kontakt bleiben und Beziehungen über die neuen Teamgrenzen hinweg aufbauen und pflegen können.

Communities of Practice

- dienen vor allem der Vernetzung und dem Erfahrungsaustausch zum gemeinsamen Thema, zum Voneinander-Lernen sowie zur Vertiefung der eigenen Expertise. Teilweise werden hier auch gemeinsam Standards definiert und weiterentwickelt, wenn dies allen sinnvoll erscheint: z. B. Design-Standards für Benutzeroberflächen, sodass Anwender sich schnell in unterschiedlichen Produkten des Unternehmens zurechtfinden.

- organisieren sich selbst. In der Praxis hat es sich bewährt, dass jemand die Rolle eines Koordinators übernimmt und Termine, Räume, Einladungen und Themen und Format der Treffen vorbereitet. Da die Teilnahme in der Regel freiwillig ist, ist es gerade zu Beginn wichtig, dass Themen auf der Agenda stehen, die für möglichst viele interessant sind. Zudem sollte ein Format gewählt und moderiert werden, das den Erfahrungsaustausch anregt und zu möglichst konkreten Ergebnissen führt. Die Beteiligung an der Community of Practice steht und fällt damit, für wie wertvoll die Mitglieder sie erachten. Dennoch hat es sich bewährt, dass jemand „den Hut auf hat", um die Community zu organisieren. Auch diese Rolle kann gut durch die Community selbst organisiert werden.
- lösen sich auf, wenn das Thema keine Bedeutung mehr hat bzw. wenn die Mitglieder keinen ausreichenden Mehrwert mehr in ihr sehen. Neue Communities entstehen dynamisch, wenn es Bedarf dafür gibt: z. B. wenn neue Technologien auf den Markt kommen, mit denen sich einzelne Mitarbeiter aus unterschiedlichen Teams/Bereichen beschäftigen. Diese Community of Practice wird vielleicht wieder aufgelöst, wenn sich die neue Technologie nicht durchsetzt, oder sobald sie flächendeckend eingesetzt wird, sodass das Thema in einer anderen, allgemeineren Community aufgeht.

Wichtig ist es, die Rahmenbedingungen zu klären: Welches Zeitkontingent steht den Mitgliedern für die Arbeit in der Community of Practice zur Verfügung? Dies ist eine Investition, von dessen Wichtigkeit es den Vorgesetzten bzw. den Product Owner zu überzeugen gilt.

SIE HABEN DAS GEFÜHL, IHRE FACHEXPERTEN IN DEN EINZELNEN ABTEILUNGEN, PROJEKTEN ODER MULTIDISZIPLINÄREN TEAMS SIND NICHT GUT UNTEREINANDER VERNETZT? DER WISSENSFLUSS ÜBER TEAMGRENZEN HINWEG SCHEINT GEBREMST? DAS RAD WIRD ZU HÄUFIG NEU ERFUNDEN? GEMEINSAME STANDARDS SIND NICHT ÜBERALL BEKANNT?

DANN SIND COMMUNITIES OF PRACTICE EIN BEWÄHRTER ANSATZPUNKT!

Quellen und Literatur

Shu Ha Ri (https://en.wikipedia.org/wiki/Shuhari)

Hüther, G.: Discover your potential (https://www.youtube.com/watch?v=4CaWKQmPQFI), Entrepreneurship Summit Berlin, 2012

Mittelinventar

Faschingbauer, M.: Effectuation: Wie erfolgreiche Unternehmer denken, entscheiden und handeln, 2017

Effectuation, deutsche Webseite (http://effectuation.de)

Hospitation

Hospitation (https://de.wikipedia.org/wiki/Hospitation)

Kollegiale Beratung

Hinz, O., „Jenseits von Coaching und Mentoring – kollegiale Praxisberatung", in: Zeitschrift für Organisationsberatung, Supervision, Coaching 01/2008

Experimente

Maurya, A.: Running Lean – Das How-to für erfolgreiche Innovationen, 2013

Gamification

Rackwitz, R.: Arbeit und Spiel (http://engaginglab.de/arbeit-und-spiel/), 2016

Mentoring

Hinz, O., „Projektcoaching, Projektmentoring oder doch kollegiale Projektberatung?" – Wann passt welches Konzept der Einzelberatung?, in: Thor Möller (Hrsg.), Projekte erfolgreich managen, 2009

Communities of Practice

Community of Practice (https://de.wikipedia.org/wiki/Community_of_Practice)

#PM2025 THESE 6

Von **Management** zu **Führung**

Transaktion
disziplinarisch
Incentive
Prozesse
Hierarchie
Regeln
Management
Blaupausen
Command & Control
Effizienz
sagen, was geht
richtig – falsch
Sinn
Transformation
Spielregeln
Rollen
Führung
dienend
Überraschung
fragen, was geht
Offenheit
Alternativen

„Es ist besser die richtige Arbeit zu tun, als eine Arbeit nur richtig zu tun."

[Peter Drucker]

Der Begriff Projektmanagement erklärt es eigentlich schon – es geht darum zu managen, nicht zu führen.

Vielen ist sicher die Faustformel **„Managers do things right, Leaders do the right things"** von Warren Bennis und Burt Nanus bekannt: Führungskräfte kümmern sich auf der Kommandobrücke um die „harten" Themen Strategie, Vision, Kernprozesse, Schlüsselressourcen und die „weichen" (Leadership-) Themen Motivation, Kommunikation, Inspiration und Innovation. Dagegen sind die Manager im Maschinenraum die Techniker des Geschäfts. Sie wenden sich der Aufgabenerfüllung zu, der Projektumsetzung, dem Controlling und dem Tagesgeschäft der personellen Führung (Mitarbeitereinsatz- und Urlaubsplanung, Qualitätskontrolle).

Managementhelden fühlen sich dem linearen Denkmodell verpflichtet und machen alles, damit das „Erfolgsversprechen" aus dem Kick-off auch erfüllt wird – in vielen Fällen leider auch nach dem Motto „koste es, was es wolle". Gelbe oder rote Ampeln im Berichtswesen sind für sie immer Anlass, die Scharte auszuwetzen, und fast nie der Zeitpunkt für eine „Realismus"-Diskussion mit den Auftraggeber. Sie blenden aus, dass Projektführung bedeutet, die unentscheidbaren Entscheidungen zu treffen, und Change Requests sowie Claim Management als selbstverständliche Bestandteile zu nutzen. Denn Pläne einfach exekutieren, das könnten auch Maschinen!

Um nicht missverstanden zu werden: Wir wenden uns hier nicht gegen ein strukturiertes Projektmanagement und gegen die entsprechenden Tools und Methoden – sondern gegen deren blauäugige und mechanistische Anwendung. Unser Rat ist, Planungstools und Checklisten als das zu nutzen, was sie sind: **Methoden zur Unterstützung, die in manchen Situationen hilfreich sind, in anderen nicht.**

Projektführung dagegen ist ein sozialer Prozess, in dem gegenläufige Interessen und Gruppendynamik zu erwarten sind. Das Projektschiff zu steuern, bedeutet nicht, einmalig einen Kurs festzulegen und diesen zu halten, sondern auch im Hinterkopf zu behalten, „dass da immer noch etwas nachkommt“. Das bedeutet: Rückkopplungen und Unvorhergesehenes sind Tagesgeschäft eines Projektleiters.

Öffnen wir also einen neuen Blick auf die Tätigkeit der Projektführung: Mit unternehmerischer Perspektive eine neuartige Tätigkeit so zu steuern, dass das Projektschiff in hoher Dynamik navigierbar bleibt! Statt ausgefeilte Pläne zu schmieden, gehen erfolgreiche Projektkapitäne mit seemännischer Gelassenheit hinaus in die Organisation und sichern ihr Projekt direkt und persönlich ab. Wach und kooperationsbereit bilden sie Koalitionen der Willigen, jonglieren mit unterschiedlichen Interessen und kümmern sich aktiv um die laufenden Veränderungen im Projekt.

Doch Vorsicht vor „copy & paste“ klassischer Führungsleitbilder, denn Führung im Projekt unterscheidet sich wesentlich von Führung in der Linie:
1. Projektteams sind fachübergreifend zusammengesetzt. In der Linie gibt es Stellenbeschreibungen, Regeln und Prozessanweisungen, welche die Schnittstellen, Verantwortlichkeiten und fast alle Fragen des Tagesgeschäfts regeln. Im Projekt fehlen diese Regelungen. Daher ist ein Projektleiter ständig gefordert, aktiv Klärung herbeizuführen. Schließlich gibt es für Dinge, die eine Organisation zum ersten Mal macht, keine festen Regeln und Prozessanweisungen.
2. In Projekten wird oft „Teilzeit“ gearbeitet. So wird es zu einem dauernden Kampf um Ressourcen kommen, weil die „klugen Köpfe“ nicht nur in diesem Projekt gebraucht werden, sondern auch noch in anderen Projekten und im Tagesgeschäft.

3. Projektmanager führen eigentlich immer nach „oben" und gleichzeitig „unten".
Sie nehmen wechselseitig Einfluss sowohl auf die Entscheider im Projekt als auch auf die Spezialisten im Projektteam. Ein Projektmanager muss nach oben führen und dafür sorgen, vom Auftraggeber die erforderlichen Entscheidungen zu bekommen. Dazu bedarf es politischen Gespürs, intensiver Arbeit im Vorfeld (Stakeholder-Management) und absichtsvoller Mikropolitik. Auf der anderen Seite wirkt er nach unten: Er muss das Team führen. Das ist ein Balanceakt zwischen manchmal gegenläufigen Interessen.

4. Projektleitung ist „lateral".
Projektkapitäne sind in der Regel nicht mit den gleichen disziplinarischen Führungsinstrumenten ausgestattet wie die Führungskräfte in der Hierarchie. Sie führen „lateral", also sowohl seitlich als Kollege als auch zeitlich und inhaltlich begrenzt auf die Projektaufgabe. Damit steht ihnen nur ein sehr eingeschränktes formales Repertoire von Belohnung und Sanktion zur Verfügung. Ein Projektleiter ist also wesentlich stärker auf sein soziales Gespür und seine Kommunikation angewiesen – im Projektstress eine große Herausforderung!

Hinzukommen muss die große seemännische Gelassenheit des Projektkapitäns. Er weiß, dass er aufkommende Probleme erst in der Situation lösen wird und nicht vorab regeln kann; daher redet ein erfahrener Seebär seiner Mannschaft niemals einen aufziehenden Sturm schön. Er beordert aber auch nicht gleich alle Mann an Deck und verteilt vorsorglich Schwimmwesten. Vielmehr erwartet er Stürme, hat die Lage und die Funktionsfähigkeit der Schwimmwesten bereits überprüft und regelmäßig Rettungsübungen mit seinem Team abgehalten.

Servant Leadership
Delegation Poker
Führung im Team
Motivrad
Team Self Assessment
Facilitation
Rollenverhandlung
7
exemplarische Werkzeuge für Führung im Projekt →

Delegation Poker

Die Methode Delegation Poker stammt aus der Management 3.0-Werkzeugkiste von Jurgen Appelo. Die Grundidee ist ebenso einfach wie faszinierend: **Da Delegation keine exakt berechenbare, maschinelle Tätigkeit ist, sondern eine komplexe Handlung, wird sie der üblichen Management-Logik entzogen und man „spielt“.**

Grundlage sind entscheidende Erkenntnisse zum Wesen von Delegation:

- Delegation ist keine „Entweder-oder“-Entscheidung. Gerade in der Projektarbeit handelt es sich eher um einen fließenden Prozess (→ **Entscheidungsbeschleuniger**) der Übertragung von Verantwortung und Selbstorganisation.
- Delegation ist kein „Ganz-oder-gar-nicht“-Prozess. Jedem Projektmitarbeiter wird meist Schritt für Schritt mehr zugetraut und übertragen.
- Delegation hängt vom Kontext ab. In dem einen Projekt ist eine Aufgabe, die 10 Personentage Aufwand erfordert, eine „kleine Delegation“, in einem anderen Projekt schon fast das halbe Projekt.
- Delegation ist personen- und aufgabenabhängig, d. h. sie ist selbst eine komplexe Aufgabe und kann immer auch anders organisiert werden.

Aus diesen Gründen liegt es nahe, über ein spielerisches Verfahren die **„Intelligenz der Gruppe"** zu nutzen. So erzielt man schnell ein gutes Ergebnis, das durch den gemeinsamen Prozess zudem hohe Akzeptanz erfährt.

nach www.management30.com/delegation-poker

Alle Beteiligten (Spieler) treffen sich, um für einen bestimmten Kontext den situativ angemessenen Grad der Delegation zu verabreden. Typische Themen sind z. B. bis zu welchem Grad sich die einzelnen an der Rekrutierung von Teammitgliedern beteiligen, die Befugnisse über finanzielle Mittel oder die Tiefe und die zeitliche Häufigkeit des Berichtswesens.

Jeder „Spieler" erhält sieben Karten, auf denen die verschiedenen Ebenen der Delegation verzeichnet sind, von **1** (= **„Ich mache exakte Vorgaben, Du führst sie aus."**) bis **7** (= **„Ich delegiere das Thema komplett und möchte auch nichts mehr davon hören."**). Jeder am Tisch schaut sich nun die sieben Karten an und zieht für das aktuelle Thema Karte, die für ihn am sinnvollsten erscheinent. Er legt sie verdeckt auf den Tisch, bis alle Spieler sich für eine Karte entschieden haben. Dann decken alle gleichzeitig auf. Hierbei kommt es gerade beim ersten Mal zu echten Überraschungen, z. B. wenn Projektleiter gerne stark delegieren möchten (also eine hohe Karte ziehen), während die Teammitglieder eine niedrigere Karte ziehen.

In der anschließenden Gesprächsrunde führen die Entscheider einen Dialog über die Gemeinsamkeiten und Unterschiede. Sie treffen eine gemeinsame Entscheidung, mit welcher Verantwortungstiefe und Berichtspflicht das Thema im Projektteam delegiert werden soll. In der Diskussion wird dann oft klar, dass das Team gern mehr Verantwortung übernehmen würde. Weil sich die Mitglieder aber nicht „getraut" haben, zogen sie Karten, von denen sie annahmen, dass sie den Erwartungen des Projektleiters entsprechen. So entsteht schnell und spielerisch Transparenz über bisher unausgesprochene Erwartungen und Glaubenssätze. In künftigen Poker-Runden wird dann in der Regel ehrlicher „gespielt" und schneller eine für alle Beteiligten passende Lösung gefunden.

STEHEN SIE DES ÖFTEREN VOR DER HERAUSFORDERUNG, DEN RICHTIGEN GRAD DER DELEGATION ZU FINDEN? HABEN SIE DEN EINDRUCK, DASS SIE BEI DIESEM THEMA OFT ANEINANDER VORBEIREDEN UND NICHT „MIT OFFENEN KARTEN GESPIELT" WIRD? PROBIEREN SIE ES EINFACH EINMAL SPIELERISCH AUS!

Rollenverhandlung

Berufliche Rollen und wie sie in einer Organisation ausgestaltet sind, sind kein Selbstzweck. Für die Organisation sind sie Mittel, um Wertschöpfung und Zielerreichung sicherzustellen. Denn wenn ein Projekt effektiv laufen soll, dann kann nicht jeder machen, was er will. Vielmehr sollte er die Dinge möglichst gut tun, die auf seinem Platz getan werden müssen.

Rollen sind also die Form, bzw. das „Vehikel", in der sich die Vielzahl der Verhaltenserwartungen abbilden, die in einem Projekt an eine Person und Position gerichtet werden. Dabei hat nahezu jeder eigene Vorstellungen davon, was ein Projektmanager, Teilprojektleiter, Scrum Master, Product Owner oder Arbeitspaketverantwortlicher im konkreten Projekt zu tun, zu erfüllen und beizusteuern hat, damit das Ergebnis stimmt.

Rollen sind also auf keinen Fall „objektiv", sondern immer das Ergebnis eines Aushandlungsprozesses mit vielen Stakeholdern, die alle ein (begründetes) Interesse an der jeweiligen Rolle haben.

Rollenklärung

<table>
<tr><td colspan="2">Die Rolle
berichtet an wen?

führt wen?

kooperiert eng mit …</td><td colspan="2">Welche Kernprozesse hängen mit der Rolle zusammen?</td></tr>
<tr><td>Aufgaben
Was ist zu tun, zu erledigen, zu steuern, zu überwachen, zu erreichen, …</td><td colspan="2">Befugnisse
Was darf/soll entschieden, beauftragt, bestimmt, eingeteilt, … werden?</td><td>Verantwortung
Das, was in der alleinigen Regie liegt und was ohne die RolleninhaberIn nicht passieren kann</td></tr>
<tr><td colspan="4">Was nicht in die Rolle gehört</td></tr>
<tr><td colspan="4">Wer hat noch welche Erwartungen an die Rolle (und die nicht schon oben notiert sind)?</td></tr>
</table>

Quelle: hinz-wirkt.de

Wir empfehlen für diese Verhandlung ein dreistufiges Vorgehen:

Schritt 1: Bestimmung der Stakeholder

Jeder der Erwartungen, Ansprüche oder Wünsche an die Rolle hat, wird in das Modell integriert:
der Rolleninhaber, also die Person selbst
der Auftraggeber bzw. der Lenkungskreis, an den berichtet wird
die Projekt-Mitarbeiter, die an den Rolleninhaber die Rolle berichten
die Kollegen („Peers"), die mit dem Rolleninhaber der Rolle formell und informell zu tun haben
der Vorgesetzte des Rolleninhabers
Kunden, Nutzer oder andere Stakeholder, mit denen der Rollen-inhaber interagieren wird

Schritt 2: Das Erwartungsgefüge ermitteln

Um mehr Klarheit über die Erwartungen an Ihre berufliche Rolle zu erhalten, tragen Sie die Antworten zusammen, die alle Stakeholder auf drei zentrale Leitfragen geben:
Was erwartet der jeweilige Stakeholder von meiner Rolle?
Welche typischen Fragen stellt der jeweilige Stakeholder an meine Rolle?
Was darf ich in meiner Rolle aus Sicht des jeweiligen Stakeholders nicht tun?

Schritt 3: Die Rollenübernahme entscheiden

Jetzt liegen Ihnen eine Vielzahl von Rollenerwartungen vor, die teilweise ähnlich, gleichgerichtet, aber auch unterschiedlich und entgegengesetzt sein können. Nun kommt es auf Ihre Entscheidung an:
Welche der Erwartungen wollen Sie übernehmen und als Bestandteil Ihrer beruflichen Rolle festlegen?
Welche der Erwartungen werden Sie nicht übernehmen (vorausgesetzt, Sie können diese Erwartung ohne größere Sanktionen ablehnen bzw. nicht erfüllen)?

So ergibt sich ein Bild Ihrer beruflichen Rolle, das die Mehrzahl der relevanten Stakeholder integriert und von Ihnen bewusst übernommen wird.

Schritt 4: Die Kommunikation planen

Nachdem nun „Klarheit herrscht“, ist im letzten Schritt noch die Kommunikation zu planen und so die Rollenklärung abzuschließen. Grundsätzlich könnten sie auf dem Standpunkt stehen, dass etwaige Veränderungen in Ihrem Verhalten von der Umwelt schon bemerkt werden und daher eine aktive Kommunikation nicht nötig ist.

Dies trifft sicher auch für einige Fälle zu, aber bei anderen Änderungen ist es ratsam, dies den betreffenden Stakeholdern anzukündigen, z. B. …
… wenn Sie entschieden haben, künftig ein tägliches Stand-up Meeting einzuführen,
… wenn Sie in Zukunft an der „Abstimmrunde XYZ“ nicht mehr teilnehmen oder
… wenn Sie zukünftig die „Prozessanweisung 4711“ nicht mehr anwenden werden.

Zum Abschluss gibt es also noch zwei Leitfragen:
Welche Rollenveränderungen sind entstanden, die Sie bestimmten oder allen Stakeholdern aktiv kommunizieren wollen?
Welche Rollenerwartungen haben Sie nicht übernommen und möchten dies demjenigen, der diese Erwartung hat, auch aktiv mitteilen?

DENKEN SIE, DASS GEKLÄRTE ROLLEN WIRKSAMER SIND ALS DEFINIERTE STELLEN? DANN BESCHREIBT DAS VIERSTUFIGE ROLLENKLÄRUNGSVERFAHREN DER WEG DER VERÄNDERUNG!

Bereits 1970 entwarf Robert Greenleaf das Konzept Servant Leadership, das aktuell im Zuge der agilen, selbstorganisierten Führung eine Renaissance erlebt. **Wir empfehlen die Prinzipien des Servant Leadership, weil sie den Weg der Haltungsänderung vom Management zur Führung sehr wirkungsvoll unterstützt.**

Führung wird hier als Dienstleistung gegenüber Mitarbeitern, dem Projektziel und der Auftraggeberorganisation begriffen und nicht mehr als Command & Control-Tätigkeit dessen, der einen Plan eisern durchsetzen muss.

Sieben Prinzipien kennzeichnen die Haltung, mit der modernes Projektmanagement gelingen kann:

1. Zuhören statt Reden, denn was vom Mitarbeiter gebraucht wird, damit er erfolgreich sein kann, kann man als Manager nur von ihm selbst hören. Fragen Sie also lieber, lassen Sie sich erzählen und hören Sie auch auf die Zwischentöne. Das ist sinnvoller, als wenn Sie sich in Ihrem „Kopfkino" vorstellen, was Mitarbeiter wohl „brauchen", um erfolgreich zu sein.

2. Empathie und Zugewandtheit sind der Schlüssel einer Dienstleistungshaltung. Nur wer anderen Menschen wertschätzend und neugierig begegnet, wird Wesentliches von Ihnen erfahren.

3. Aufbau einer helfenden Beziehung durch einen Führungsstil des Befähigens, durch echte Dialoge und durch eine Fehlerkultur, die Mitarbeiter unterstützt und lernen lässt.

4. Über den Tellerrand hinaus blicken, weil Projektführung nicht nur aus dem Management des Tagesgeschäfts besteht. Führung als Dienstleistung geht daher immer auch parallel auf die konzeptionelle „Meta-Ebene" und beachtet die Zusammenhänge und mögliche Auswirkungen von Führungsentscheidungen.

5. Verantwortungsübernahme nicht nur für das Projekt an sich, sondern auch für die Konsequenzen und Auswirkungen in der gesamten Organisation bzw. Gesellschaft.

6. Intrinsische Motivation statt extrinsische Anreize, da Mitarbeiter am besten aus eigenem Antrieb Leistung erbringen und nicht, weil sie durch Belohnung und Sanktion dahin gebracht werden müssen. Daher gehört der kontinuierliche Dialog und der Abgleich von Tätigkeiten im Projekt mit Bedürfnissen der Teammitglieder zum Handwerkszeug des Servant Leaders.

7. Team- und Netzwerkbildung, damit durch gemeinsame Vernetzung mehr entsteht, als wenn jeder bzw. jedes Projekt allein „vor sich hin wurschtelt".

Um Missverständnissen vorzubeugen: Dienstleistende Führung bedeutet keine Unterordnung der Führungskraft unter ihre Mitarbeiter. Servant Leadership beinhaltet keinen Verzicht auf notwendige Maßnahmen, die aber für die Mitarbeiter jedoch unangenehm sind. Denn der Servant Leader dient der Organisation ebenso loyal, wie seinem Team.

Die Übernahme aller (administrativen) Tätigkeiten, auf die die Teammitglieder keine Lust haben, ist und bleibt schlechte Führung. Trotzdem beobachten wir in der Praxis von → **Scrum** häufig das Phänomen „Scrum Mama" statt Scrum Master, das hat mit Servant Leadership nichts zu tun!

DENKEN SIE, DASS COMMAND & CONTROL KEIN ANGEMESSENER FÜHRUNGSSTIL MEHR FÜR KOMPLEXE UND DYNAMISCHE PROJEKTE IST? ABER LAISSEZ FAIRE ODER KOMPLETTE ANARCHIE STELLT AUCH KEINE OPTION DAR? SIE MÖCHTEN DAS POTENZIAL IHRES TEAMS BESSER NUTZEN? DANN KANN „SERVANT LEADERSHIP" EINE PASSENDE ALTERNATIVE FÜR SIE SEIN.

Führung im Team

In Zeiten zunehmender Ungewissheit, regelmäßigen Trendbrüchen und steigender Komplexität ist es gut, Führung im Team zu organisieren, statt allein auf Charisma und formale Macht an der Spitze zu setzen. **Notwendig ist ein Team, das aus Führungskräften besteht, die bewusst ihre Unterschiede nutzen und Grenzen (beispielsweise zwischen Teilprojekten) überwinden wollen.**

Sechs Schritte sind dafür notwendig:

1. Führung statt Management

Führungsteams bleiben auf der Brücke und führen von vorn. Sie entfalten ihre Rolle nur, wenn sie sich konsequent von Managementaufgaben verabschieden und stattdessen die Aufgabe der Führung ins Zentrum ihrer Tätigkeit stellen.

2. Flexible Planung statt Planwirtschaft

Wir wissen es doch alle: Gras wächst nicht schneller, wenn man daran zieht. Trotzdem ist die typische Reaktion von Projektlenkern, nachdem sie von einem unerwarteten Ereignis „kalt“ erwischt wurden, ein erhöhter Planungsaktionismus (mehr Pläne, detailliertere Pläne, langfristige Pläne), um die bisher unsicheren Elemente besser zu kontrollieren. Pure Planwirtschaft eben!

Pläne erhalten im Führungsteam eine neue Funktion: Sie werden nicht erarbeitet, um sie sklavisch umzusetzen, sondern vielmehr, damit man sie diskutieren, zu ihnen Position beziehen und Alternativen und Szenarien entwickeln kann. Sie dienen dazu, die Debatte und das Lernen zu organisieren, statt nur stur festlegen zu wollen, was passieren muss! Hier ist es gut, wenn man nicht allein ist, sondern die Kraft eines echten Führungsteams nutzen kann und keine Zeit für Pseudokooperation verschwendet.

3. Unterschiede nutzen statt Pseudokooperation

Häufig ist davon die Rede, dass Führungsteams ein Club von „Gleichen" sein müssten, um erfolgreich zu sein, d. h. ohne Macht- und Einflussdifferenz sein sollten. Die Praxis zeigt genau das Gegenteil: Viele solche Teams sind mit Pseudokooperation beschäftigt, d. h. das Darstellen von Zusammenarbeit statt der eigentlichen gemeinsamen Sacharbeit. Wirksame Projektteams sind sich dagegen ihrer Unterschiede bewusst und nutzen diese. Damit dies gelingt, stellen sie sich ihren fünf typischen Dämonen, die die Arbeit im Führungsteam schwierig machen: Einsamkeit, Misstrauen, Harmoniestreben, Verlieren des Lorbeerkranzes bzw. Erhalten des Dornenkranzes und Egoismus.

4. Macht und Einfluss ausbalancieren statt Autoritätsgehabe und Alphatier-Spielchen

Wenn sich Projektmanager zu einem Führungsteam zusammenfinden wollen, ist es ganz normal, wenn sich im Laufe des Prozesses Reibungen zeigen. Denn durch das Einlassen auf eine gemeinsame Führung im Team gibt jede Führungskraft ein Stück ihrer Autonomie auf. Sie sorgt sich um ihre Interessen und fürchtet Macht- und Einflussverlust. Der gelassene Umgang mit Macht und Autorität ist für ein funktionierendes Führungsteam unabdingbar. Die höhere Qualität von Führungsteams gegenüber Einzelpersonen zeigt sich gerade, wenn die Führungskräfte regelmäßig gemeinsame Reflexionsschleifen durchlaufen und so dysfunktionales Autoritätsgehabe und „die dunkle Seite der Macht" in ihrem Verhalten effektiv zu steuern lernen. Deshalb ist es wichtig, mit den im Team vorhandenen Macht- und Einflussdifferenzen keine Spielchen zu treiben, sondern einen verbindlichen Umgang zu verabreden. „Heikles" wird dann endlich im gemeinsamen Dialog statt in bilateralen Hintergrundgesprächen verhandelt.

5. Wirksame Informationspolitik statt Starallüren

Das klassische Muster der Starallüren tritt immer dann auf, wenn sich Projekthelden vor allem darauf konzentrieren, wie sie persönlich bei anderen „ankommen". Diesem Verhalten begegnen Führungsteams mit modernen, dialogorientierten Kommunikationsformaten wie → **Projektparlament**, → **Appreciative Inquiry**, → **Projektmarkt** oder → **Barcamp**.

6. Regelmäßige Rüstzeiten statt Offsites

Auch in der Gestaltung ihrer Tagungen machen Führungsteams einen wirksamen Unterschied. Sie gehen nicht einfach „mal nach Draußen", sondern organisieren Team-Rüstzeiten, in denen durch passende Formate wie → **Kollegiale Beratung** für die notwendige Störung der operativen Routine gesorgt wird. So halten sie das Team lebendig und produktiv. Ein funktionierendes Führungsteam braucht regelmäßige Pflege, denn die Gruppenentwicklung vollzieht sich eben nicht wie eine Bergtour, bei der man sich ausruhen könnte, wenn man irgendwann auf dem Hügel angekommen ist …

SIE FINDEN, DASS ES ZUMINDEST RISKANT IST, SICH AUF EINZELKÄMPFER UND PROJEKTHELDEN AN DER SPITZE GROSSER, KOMPLEXER UND DYNAMISCHER VORHABEN ZU VERLASSEN? DIE ETABLIERUNG EINES FÜHRUNGSTEAMS IST NICHT EINFACH, DIE MÜHE WIRD SICH ABER LOHNEN.

Team Self Assessment

Ein regelmäßiges, strukturiertes Team Self Assessment ist ein praktisches **Werkzeug, mit dem Sie Selbstorganisation und Führung im Team ermöglichen können.** Teams organisieren sich immer selbst, das kann man gar nicht verhindern. Aber man kann Leitplanken setzen und gemeinsam Zielkorridore definieren, damit sich das Team selbst in eine gute Richtung entwickelt.

Den Zielkorridor für die Entwicklung des Teams leiten Sie zum Beispiel gemeinsam mit dem Team vom (Projekt) Auftrag ab: Wofür ist das Team da? Was soll es bearbeiten und realisieren? Was wird vom Team erwartet? Gibt es festgelegte Ziele?

Dann gehen Sie einen Schritt tiefer und leiten einzelne Kriterien ab, anhand derer Sie feststellen, ob das Team auf einem guten Weg zur Erreichung der eigenen Ziele ist.

Spotify schlägt für ihre Software-Entwicklungsteams u. a. folgende Kriterien vor:	**Atlassian nennt folgende Kriterien als Basis für einen Gesundheits-check für Projektteams:**
• Lieferung wertvoller Ergebnisse, • Geschwindigkeit, • Zustand der Codebasis, • Arbeitsabläufe im Team, • Teamwork, • Lernfortschritt, • Stimmung im Team	• Zuständige Person für das Projektergebnis, • Ausgewogenheit im Team, • Gemeinsames Verständnis, • Nutzen und Metriken, • Proof of Concept, • Transparenz und Überblick, • Verwaltete Abhängigkeiten, • Geschwindigkeit

Vielleicht passen einige dieser Kriterien für Ihr Team, vielleicht sind andere Kriterien wichtiger für Sie: Wählen Sie die für Sie relevanten sechs bis acht Kriterien gemeinsam im Team. Sind die Kriterien initial festgelegt, kommt das Team regelmäßig zusammen und bewertet den eigenen Status zu den einzelnen Kriterien.

Dazu können Sie zwar jede Skala verwenden, aber wir raten zu einer möglichst einfachen. Denn einfache Skalen verhindern das Phänomen der trügerischen Scheingenauigkeit: Spotify und Atlassian nutzen sehr einfache Skalen mit den drei Ampelfarben. Wichtig ist, dass Sie die Werte der Skala je Kriterium möglichst konkret beschreiben oder mit Beispielen hinterlegen.

Die Abstimmung im Team kann offen erfolgen, z. B. per Klebepunkt. Das typische Phänomen des Herdentriebs vermeiden Sie, indem Sie das Prinzip der verdeckten und gleichzeitigen Wahl anwenden: Entweder indem Sie Abstimm-Karten mit Ihrer Skala verwenden (ähnlich wie beim → **Delegation Poker**) oder indem Sie einfach durch die Anzahl gezeigter Finger abstimmen lassen. Der Moderator stellt die Frage zum jeweiligen Kriterium, gibt ein paar Sekunden Zeit zum Nachdenken und bittet dann das Team um Abstimmung, zählt von drei herunter und bei null zeigen alle Teammitglieder gleichzeitig ihre Wahl (mit Abstimm-Karten oder mit den Fingern).

Wenn die Abstimmungsergebnisse weit auseinanderliegen, gibt es augenscheinlich unterschiedliche Wahrnehmungen im Team – hier lohnt es sich, diese transparent zu machen und zu diskutieren, um im Team eine abgestimmte Wahrnehmung zu entwickeln. Es ist allerdings nicht notwendig, dass das Team sich zwingend auf einen Wert einigt, man kann auch die Einzelnennungen festhalten und bei Bedarf einen Mittelwert errechnen.

Zudem kann auch nach der Einschätzung des Trends gefragt werden: **Werden wir gerade schlechter oder besser oder ist der Status stabil?**

Die Ergebnisse werden im Team über den Zeitverlauf hinweg transparent gemacht. Wie unter → **Gamification** beschrieben, dient das dem Team selbst dazu, die eigene Entwicklung zu verfolgen und frühzeitig festzustellen, wenn es bei erfolgskritischen Kriterien besondere Entwicklungstendenzen gibt.

Wenn die Ergebnisse auch über das Team hinweg transparent gemacht werden, lassen sich Muster und Trends erkennen, die z. B. auf Handlungsbedarf zur Verbesserung allgemeiner Rahmenbedingungen hinweisen. Allerdings sollten die Teams nie von außen am Ergebnis des Self Assesments gemessen werden. In solchen Fällen ist es schnell vorbei mit ehrlicher Selbsteinschätzung. Sie weicht taktischen Überlegungen – Sie kennen das vielleicht von klassischen Projekt-Statusberichten mit melonengrünen Ampelindikatoren (nach außen grün, innen jedoch tief rot).

SIE TRAUEN IHREN TEAMS MEHR SELBSTORGANISATION ZU UND MÖCHTEN SIE GERNE DABEI UNTERSTÜTZEN, SICH ZIELGERICHTET ZU ENTWICKELN UND EIN FRÜHWARNSYSTEM ZU ETABLIEREN? SIE DENKEN, DASS KLASSISCHE ZIELVORGABEN, KPIS UND STATUSBERICHTE OFT EHER NEGATIVE EFFEKTE AUF DIE SELBSTVERANTWORTUNG UND MOTIVATION VON MITARBEITERN UND TEAMS HABEN? DANN IST EIN TEAM SELF ASSESSMENT ALS SELBSTSTEUERUNGSWERKZEUG EINEN VERSUCH WERT!

Motivrad

Evelin Kroschel verdanken wir eine übersichtliche und gleichzeitig vielschichtige Darstellung der Prozesse, die Menschen zu bestimmten Handlungen antreiben. Das Motivrad visualisiert all die Bedürfnisse und Antreiber, die menschliches Verhalten auslösen oder (be-)hindern.

Die Anordnung der Motive folgt dem polaren Prinzip, d. h. die Motive, die sich inhaltlich gegenüber stehen, sind auch so im Rad dargestellt.

Als Führungskraft im Projekt hilft mir die Beschäftigung mit der Vielfältigkeit menschlicher Bedürfnisse, um …
… meine eigenen Antreiber besser zu verstehen und vorher unbewusstes zu bewusstem Verhalten zu machen. So gelingt es mir dann z. B. besser, mein „Faible" für Berichte und Controlling-Tools im Team glaubwürdig zu vertreten, wenn ich meine Motive Sicherheit und Beständigkeit „entdeckt" habe.
… das Verhalten der Projektmitglieder achtsamer zu beobachten und nachzuvollziehen. Ich kann dann z. B. gelassener mit der „chaotischen" Terminplanung einer Person mit einem ausgeprägten Lebensfreude/Genuss-Motiv umgehen bzw. sie dazu passender einsetzen.
… den einzelnen Teammitgliedern individueller zu begegnen und sie sinnvoller anzusprechen.

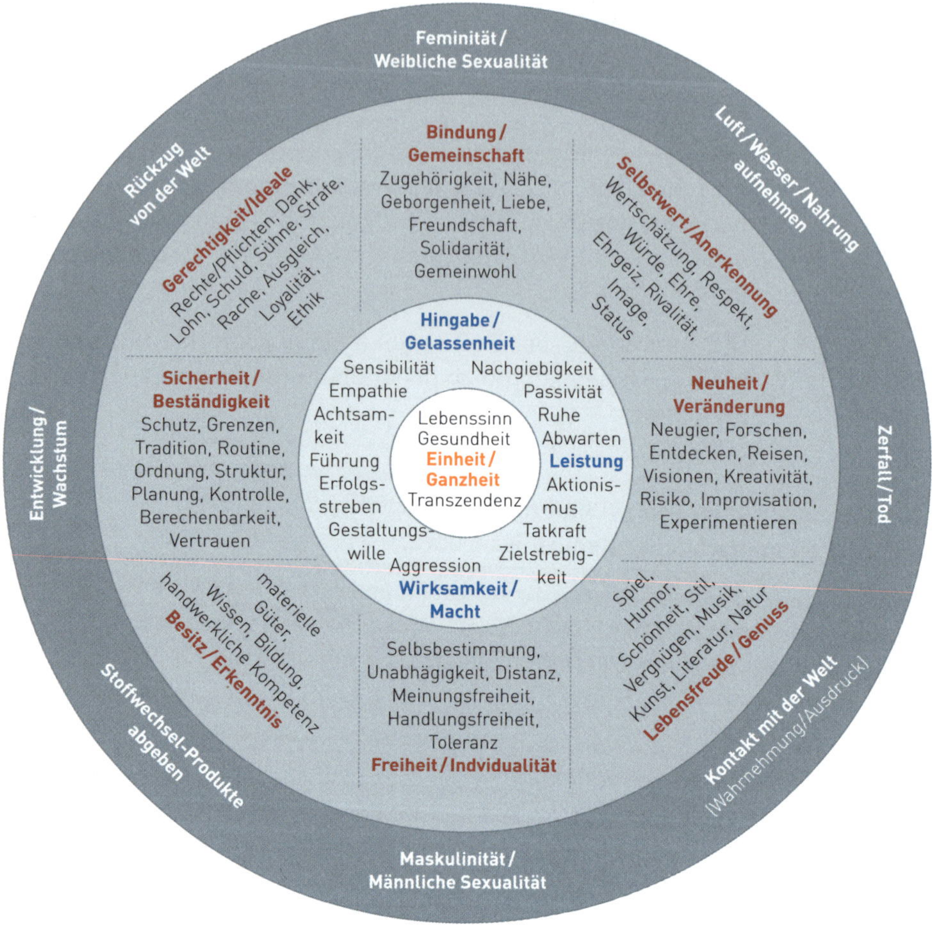

nach Kroschel 1996

Auch bei der Zusammensetzung eines Projektteams bietet das Motivrad wertvolle Einsichten.

So bitten wir z. B. zu Beginn eines Projektes alle Teammitglieder um die verdeckte Selbsteinschätzung ihrer zwei bis vier Hauptmotive. Danach folgt eine Runde offener „Spekulation" der Kolleginnen und Kollegen. So kommt das Team über das, was jedem wichtig ist, schnell ins Gespräch und der für die produktive Gruppenarbeit so notwendige Abgleich von Selbst- und Fremdbild in Gang.

Wenn es im Projekt einmal nicht so gut läuft und Phänomene wie Frust, Blockade, Aggression, Schweigen und Wegbleiben zu beobachten sind, öffnet die Frage nach den zu kurz gekommenen Motiven oft einen Lösungsweg.

Durch Viktor Frankls Forschung wissen wir, dass das Erleben von Sinn, eine zentrale Motivationsquelle ist. Dabei kommt es vor allem auf zwei Aspekte an:

Sinn kann nicht von anderen vorgegeben oder gar verordnet werden.

Sinnvolles Handeln entsteht aus dem individuellen Bestreben, persönlich wichtige Werte zu verwirklichen.

Als Projektleiter könnten Sie zukünftig das Ziel einer Aufgabe so beschreiben, dass der Mitarbeiter es in freier Entscheidung für sich akzeptieren kann. Zudem sollten Sie es so kommunizieren, dass der Mitarbeiter in der Aufgabe einen Sinn entdecken kann – und zwar ohne dass er von außen, also von Ihnen, dazu aufgefordert wird. Konkret gelingt Ihnen das, wenn Sie bei Gesprächen wenig reden, viel fragen und aktiv zuhören.

Der folgende Fragenkatalog hilft Ihnen, einem Projektmitarbeiter das richtige Aufgabenpaket anzuvertrauen – eine Aufgabe, die er motiviert anpacken wird:
Stehen die Anforderungen der Aufgabe und die Fähigkeiten der Mitarbeiter miteinander in Einklang? Droht eine Über- oder Unterforderung?
Kann der Mitarbeiter möglichst das tun, was er am besten kann und auch gern macht?
Wird er voraussichtlich die Aufgabe für sinnvoll halten?
Wird er die Aufgabe zu der seinen machen, und sieht er sie als Chance zu lernen?

Damit kein Missverständnis entsteht: Es geht nicht darum, dass sich künftig jeder Mitarbeiter nur noch jene Aufgaben aussucht, die ihm Spaß machen – vielmehr kommt es darauf an, dass er die ihm übertragenen Arbeiten als sinnvoll erlebt. Es gibt genug Tätigkeiten, die zwar ungeliebt, aber dennoch notwendig sind, um das Projektziel zu erreichen. Beispiele hierfür sind die technische Dokumentation oder der Projektabschlussbericht. Wenn das Team den Sinn dahinter versteht, werden solche Pflichtaufgaben nicht mehr als Strafe erlebt.

MÖCHTEN SIE BEREITS BEI IHREM PROJEKTSTART DIE GRUNDLAGEN DAFÜR LEGEN, DASS DIE MOTIVATION HOCH BLEIBT UND DEMOTIVATOREN SCHNELL BESPRECHBAR SIND?

TRANSPARENZ ÜBER INDIVIDUELLE MOTIVE IST EINE WICHTIGE VORAUSSETZUNG FÜR WIRKSAME FÜHRUNG UND ZUSAMMENARBEIT.

Facilitation wie wir sie verstehen ist mehr als eine andere Bezeichnung für die Moderation von Meetings und Workshops. **Facilitation ist ein eigenes Berufsbild mit internationalen Verbänden, Ausbildungsgängen und Zertifizierungen.**

Facilitation steht der Wortherkunft nach für „Erleichtern", „Fördern" und „Gelegenheit bieten". Der Begriff ist damit irgendwo zwischen Coaching und Beratung zu verorten, mit einer großen Portion Moderation.

Facilitation als Führungshaltung geht über Moderationsmethoden hinaus: Ein Facilitator gestaltet Rahmenbedingungen so, dass durch Zusammenarbeit (→ **Co-Creation**) etwas Neues entstehen, dass eine Gruppe von Menschen ihre gemeinsamen Potenziale entfalten kann. Anders gesagt: Facilitation ist Arbeit am System, nicht im System.

Ein Facilitator arbeitet daran, die individuellen Fähigkeiten der Mitarbeiter mit den Zielen und Potenzialen der Organisation in Verbindung zu bringen, so dass diese einen gemeinsamen Sinn entdecken und sich daran orientieren können. Dahinter steckt eine Haltung und ein positives Menschenbild: Menschen sind generell motiviert und engagiert, arbeiten gerne und übernehmen gerne Verantwortung – wenn man es zulässt.

Die Rolle eines Facilitators als Führungspersönlichkeit ist von einigen grundlegenden Prinzipien geprägt:
Transparenz schaffen, Verborgenes sichtbar machen, Vielfalt nutzen
Räume öffnen und schützen, Mut und Vertrauen fördern
Kultur der Zusammenarbeit auf Augenhöhe fördern
Selbstorganisation und Eigenverantwortung von Teams ermöglichen
Fokus, Klarheit und Orientierung geben, die Zusammenarbeit initiieren, begleiten, moderieren und unterstützen
Kommunikation und Entscheidungsfindung im Team durch Moderation, Impulse und Methoden offen und fokussiert gestalten
Selbstreflexion, Lernen und stetige Verbesserung fördern

Ein Projektmanager, der als Facilitator agiert, nutzt die kollektive Intelligenz von Teams und großen Gruppen. Er tritt dabei selbst immer mehr in den Hintergrund. Die Mission ist eher „Ermöglichen" als „Vorgabe und Kontrolle", also → **Servant Leadership**. Dazu braucht es auch Mut zum Loslassen, also persönliche Gelassenheit und die Haltung, dass Zufälle nicht immer Bedrohungen sein müssen, sondern auch Chancen sein können.

Ein Faciliator als Projektmanager begleitet ein Team während des gesamten Prozesses aktiv:

Beobachten und Spiegeln: Muster erkennen, Meinungen einholen, bei der Reflexion helfen

Fragen und Impulse geben: kritische Fragen stellen, Beispiele geben, Zusammenhänge erklären, auf Rahmenbedingungen hinweisen

Moderieren: offene Kommunikation ermöglichen, passende Techniken der Zusammenarbeit einbringen, zu Experimenten ermutigen

SIE HABEN DEN EINDRUCK, DASS VIEL MEHR POTENZIAL IN IHREM TEAM STECKT? DOCH MIT COMMAND & CONTROL KOMMEN SIE DA NICHT HERAN? ODER SIE MÖCHTEN GERNE MEHR ZUSAMMENARBEIT AUF AUGENHÖHE WAGEN? DANN KÖNNTE FACILITATION ALS FÜHRUNGSHALTUNG EINE ALTERNATIVE SEIN.

Quellen und Literatur

Delegation Poker
https://management30.com/product/delegation-poker/

Rollenverhandlung
Hinz,O., Das Führungsteam – wie wirksame Kooperation an der Spitze gelingt, 2015

Motivrad
Kroschel, E., Die Weisheit des Erfolges, 1996
Frankl, V., Der Mensch vor der Frage nach dem Sinn, 1985

Servant Leadership
Schnorrenberg, L.J. et al, Servant Leadership: Prinzipien dienender Führung in Unternehmen, 2014

Führung im Team
Hinz,O., Das Führungsteam – wie wirksame Kooperation an der Spitze gelingt, 2015

Team Self Assessment
Spotify Squad Health Check model (https://labs.spotify.com/2014/09/16/squad-health-check-model/), 2014
Atlassian Team-Playbook, Gesundheitschecks (https://de.atlassian.com/team-playbook/health-monitor)

Facilitation
Scholz, H.: Einfach, aber nicht leicht (http://www.changex.de/Article/essay_scholz_einfach_aber_nicht_leicht/BRUOD4TjLtVyUZONO-miE0zCtgu5XQb), 2012

#PM2025 THESE 7

Von **Standardisierung** zu **Integration**

Regeln

Eindeutigkeit

Kausalität

Kochrezepte

Checklisten

Best Practices

Standardisierung

scheiden, um zu trennen

Zertifikate

Mechanik

Effizienz

Konvergenz zum Soll

entweder-oder

unte

kontexbezogen

situativ

sowohl-als auch

Effektivität

Zielkorridor

Integration

Vielfalt

Prinzipien

unterscheiden, ohne zu trennen

Emergenz nutzen

Überraschung

„Der Wurm muss
dem Fisch schmecken,
nicht dem Angler!“

[altes Sprichwort]

Projektmanagement ist eigentlich eine Ingenieursdisziplin.

Diesen Ursprung erkennen wir heute vor allem daran, wie formal, strikt und geordnet die Profession des Projektmanagements daherkommt:
Die meisten Projektmanagement-Tätigkeiten und -Rollen, wie z. B. Projektleitung, kann man nicht nur lernen, sondern das Wissen darum wird zertifiziert. Da wird also definiert, wie „gutes" Projektmanagement aussieht, und geprüft, ob man das auch weiß (oder kann?). Dabei machen die – neuen – agilen PM-Schulen überhaupt keinen Unterschied zu den klassischen Vertretern. Auch für Scrum Master, agile Coaches etc. wird zertifiziert was das Zeug hält.
Organisationen, die als professionell im Projektmanagement angesehen werden, haben definierte Vorgehensmodelle, Prozesse und ein (umfangreiches) Regelwerk. Die IPMA (OCB, S. 28f) definiert daher: „Deshalb soll die Organisation über einen Projektmanagementstandard verfügen (z. B. Prozesse, Methoden, Werkzeuge). [...] Dieser Standard ist Teil des Managementsystems der Organisation. Projektmanagement wird von Teams durchgeführt, die sich dazu wirksamer Kommunikation und Prozesse bedienen. ISO 21500 beschreibt sämtliche Prozesse von der Projektinitiierung bis zum Abschluss eines Projekts."
Und natürlich gibt es auch für das Projektmanagement ein DIN Norm!

Und trotzdem werden z. B. Großprojekte im Baubereich um 44 % teurer, bei Verkehrswegen um 33 % und Rüstungsprojekte sogar um 87 %, wie die Hertie School 2016 herausfand. Die Standish Group nennt ihre Langzeitstudie über den Erfolg von IT- Projekten daher treffend auch den CHAOS Report und weist eindrucksvoll nach, dass nicht einmal ein Drittel der IT-Projekte erfolgreich sind.

	2011	2012	2013	2014	2015
erfolgreich	29 %	27 %	31 %	28 %	29 %
weniger erfolgreich	49 %	56 %	50 %	55 %	52 %
gescheitert	22 %	17 %	19 %	17 %	19 %

Übersicht der Kernergebnisse der CHAOS Reports 2011–2015

Wohl auch deshalb gab Prof. Manfred Gröger seine Studie 2006 den Titel „Projektmanagement: Abenteuer Wertvernichtung". Die GPM veröffentlichte 2014 allerdings bessere Ergebnisse. Nach deren Berechnungen waren 61 % der Projekte erfolgreich, 32 % weniger erfolgreich und 7 % wurden abgebrochen.

Dieser kurze Blick in die Datenlage zeigt für uns vor allem eines: die Lage kann zwar nicht eindeutig beschrieben werden, aber ohne Zweifel kann man festgestellen: **die Profession Projektmanagement hat noch ein deutliches Verbesserungspotential!**

Deshalb plädieren wir für die Integration unterschiedlicher Vorgehensweisen, Werkzeuge und Formate. Wirksames Projektmanagement nutzt die Vielfalt, die unsere Profession bietet, und wendet sich ab von eindeutigen, „richtigen" und normierten Standards. Wir raten Projektmanagern dringend dazu, nicht wie der Angler den Köder nach eigenen Maßstäben auszuwählen und auf „Enge" durch Zertifizierung und angebliche Best Practices zu setzen. Vielmehr sollten sie sich mit den Fischen und deren Vorlieben befassen und dann das breite Repertoire im Projektmanagement nutzen.

Betrachten wir Projektmanagement doch lieber als einen Korb voller bunter Möglichkeiten, aus dem wir situativ das Geeignete auswählen. Je nach Kontext, Umwelt und Projektgegenstand greifen wir jenes Werkzeug heraus, das sinnvoll und wirksam ist, statt immer nur die gleichen Handbücher und Standards ohne viel Erfolg zu wiederholen.

Damit reden wir nicht der Beliebigkeit das Wort, sondern kommen auf das zurück, was wir eigentlich doch längst alle wissen: Zusammenarbeit im sozialen System Projekt funktioniert stets dann gut, wenn ...

... einige grundlegende Prinzipien die Kooperation im Projekt als „Leitplanken“ stützen und

... ansonsten genau die Methoden, Techniken und Vorgehensmodelle eingesetzt werden, die zur tatsächlichen Situation passen. Denn der Wurm muss dem Fisch schmecken und nicht dem Angler!

WIRKSAME PROJEKTMANAGER SIND VIRTUOS IM ZIELGERICHTETEN IMPROVISIEREN UND DER EFFEKTIVEN ANPASSUNG AN NEUE SITUATIONEN. JE NACHDEM, OB ES EHER KOMPLIZIERT ODER KOMPLEX IST, OB ES EHER UM PLANABARBEITUNG ODER UM PIONIERARBEIT GEHT.

Dazu braucht es Wissen und Können sowie ein empirisches Vorgehen in kleinen Schritten: eine Maßnahme planen, umsetzen sowie beobachten was passiert und sich verändert, um daraus Schlüsse für die nächsten Maßnahmen zu ziehen.

Iteratives Vorgehen und vor allem Wachsamkeit sollte das „Durchziehen eines Plans" ersetzen. Bevor Sie eine neue Methode einführen, überlegen Sie sich sinnvolle Annahmen, welche Veränderungen diese wohl auslösen wird. Setzen Sie dann diese Methode professionell ein, und beobachten Sie aufmerksam was passiert. Bewerten Sie dann das Ergebnis offen und nicht nur aus Ihrer Sicht. Nutzen Sie vielmehr die Intelligenz einer Gruppe bzw. nehmen Sie selbstbewusst mehrere Perspektiven ein. Begrüßen Sie Abweichungen von Ihrer Annahme als hilfreiche Information, das Projekt zum Erfolg zu bringen. Es ist kein schlechtes Projektmanagement, wenn etwas völlig anderes, das Gegenteil oder gar nichts von dem passiert, was Sie mit Ihrer Maßnahme erreichen wollten. Schlechtes Projektmanagement wäre es, nicht aus diesen Irrtümern zu lernen, um kommende Maßnahmen besser einsetzen zu können.

Dazu braucht es Formate, die die Intelligenz und die unterschiedlichen Perspektiven der Vielen effektiv nutzen, die unterscheiden ohne zu trennen, die Vielfalt sichtbar und nutzbar machen und die Gewohntes immer wieder in Frage stellen.

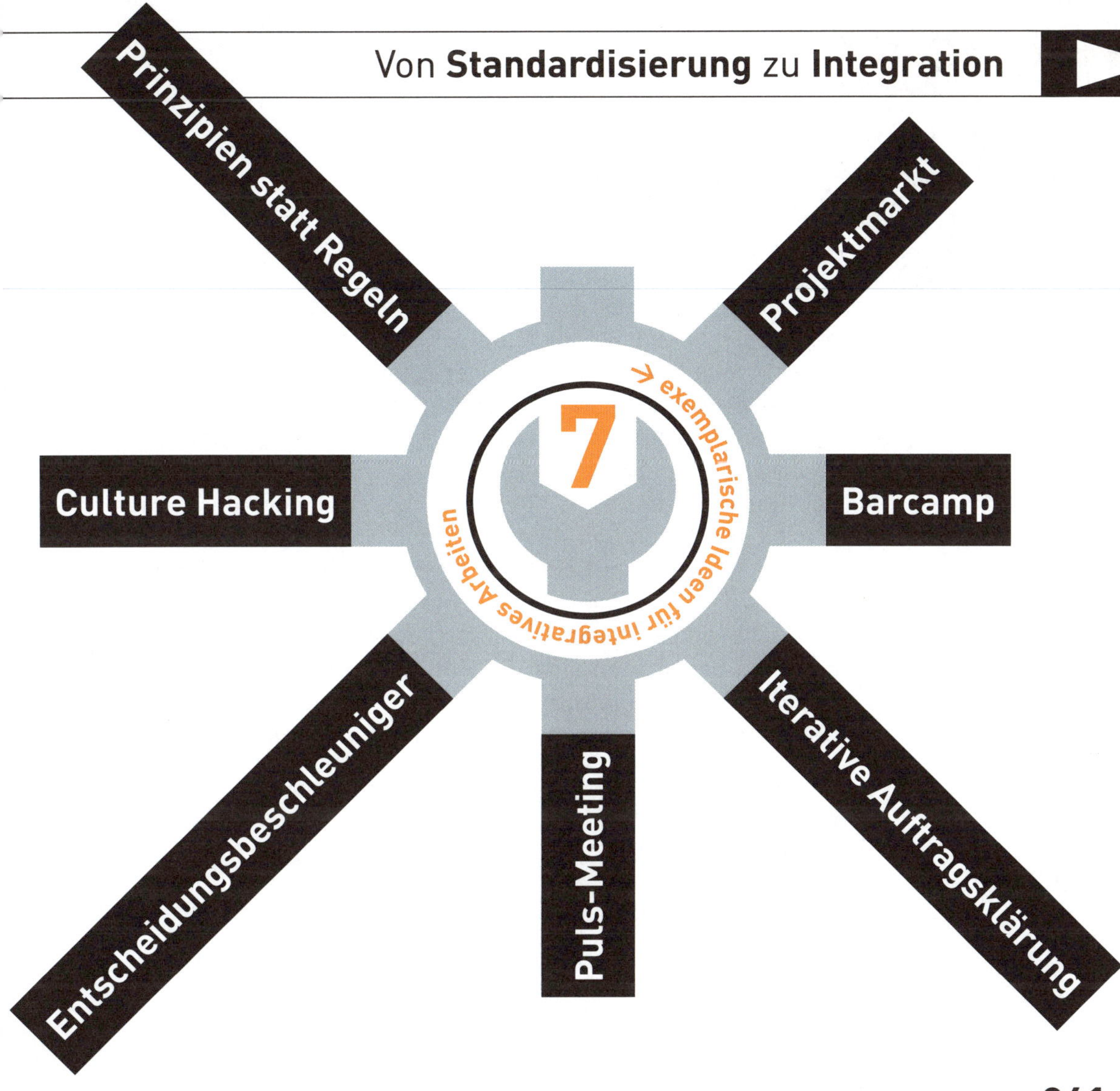
Prinzipien statt Regeln
Projektmarkt
Culture Hacking
Barcamp
7
→ exemplarische Ideen für integratives Arbeiten
Entscheidungsbeschleuniger
Puls-Meeting
Iterative Auftragsklärung

Die typische Situation in Organisationen ist, dass es immer mehr gute Projektideen gibt als Mittel, die dafür zur Verfügung stehen. Immer wenn Entscheidungen über knappe Ressourcen anstehen, empfehlen wir daher die Kraft der Gruppe zu nutzen, statt auf einsame Entscheidungen von denen „da oben" zu setzen. **Ein Projektmarkt braucht einen Handelsplatz**: Meist ist das ein großer Besprechungsraum oder ähnliches, auf dem die Anbieter (Projektsponsoren und -leiter) im Kreis angeordnet sind, und die Käufer (Projektmitarbeiter, Budgetverantwortliche, Führungskräfte) sich von Marktstand zu Marktstand bewegen. Der Projektmarkt ist wie ein Basar organisiert, auf dem die üblichen Prozeduren zu beobachten sind: Es wird angeboten, die Qualität des Angebots kritisch geprüft, verhandelt, gefeilscht. Am Ende wird „eingeschlagen" oder zum nächsten Marktstand weitergezogen.

Ein „Marktvogt" (Moderator) wacht über die Einhaltung der vorher vereinbarten Spielregeln.

Üblich sind fünf Phasen:

1. Angebotsphase
Jedes Projekt stellt sich den Käufern kurz vor und wirbt darum, dass sich ihm personelle und finanzielle Ressourcen zuordnen. Dabei achtet die Moderation darauf, dass die vorher vereinbarten Standards (Inhalte, Präsentationsform, Dauer etc.) eingehalten werden, um faire Marktbedingungen herzustellen.

2. Prüfungsphase
Dann werden die umworbenen Ressourcen (Projektmitarbeiter, Budgetverantwortliche, Führungskräfte) gebeten, sich an den Marktständen näher über die Angebote zu informieren und Verständnisfragen zu stellen. Es entsteht schnell eine Atmosphäre wie im Bienenstock: Stimmengewirr und Bewegung im Raum.

3. Verhandlungsphase
Nachdem die Verständnisfragen geklärt sind, beginnt die heiße Phase des Projektmarktes. Die Anbieter werben nun um die notwendigen personellen, finanziellen und weiteren Ressourcen (z. B. Laborkapazität), gehen auf potenzielle Käufer („Investoren") zu oder versuchen, sie von anderen Projekten abzuwerben. Zugleich präsentieren die Käufer ihre Ressourcen möglichst attraktiv und versuchen, Vereinbarungen für ihren nächsten Projekteinsatz zu treffen.

4. Vertragsphase
Es entsteht immer wieder ein ähnliches Bild: Einige Projektsponsoren und -leiter haben ein so attraktives Angebot, dass an deren Marktständen das Projekt schnell mit Ressourcen ausgestattet ist. Sie signalisieren der Moderation, dass bei ihnen alles o. k. sei und beginnen bereits mit den ersten Gesprächen zum Aufsetzen des Projektes.

Andere Anbieter und Nachfrager stehen eher unschlüssig und suchend auf dem Marktplatz, weil sie entweder nicht gesucht oder nicht gefragt wurden. Nun beginnt die zweite (und dritte) Runde der Verhandlungen, bei denen Käufer und Nachfrager Kompromisse machen müssen. Z. B. beginnt ein Projekt später oder ein Projektmitarbeiter akzeptiert eine Rolle, die nicht sein erster Wunsch war. Ein Budgetverantwortlicher findet kein attraktives Investment oder unterliegt beim Bieterwettstreit um sein „Top-Projekt". Er investiert dann aber in ein zwar weniger attraktives aber dennoch wertversprechendes Projekt .

5. Marktschluss

Sobald deutlich ist, dass alle erreichbaren Verträge geschlossen sind, beendet die Moderation den Projektmarkt und holt das Feedback aller Teilnehmer ein. Es empfiehlt sich, dass sich die Moderation im Anschluss um die Anbieter und Nachfrager „kümmert", die nicht zum Zuge gekommen sind.

DIE DAUER DES PROJEKTMARKTES HÄNGT NATÜRLICH VON DER ANZAHL DER ANBIETER UND NACHFRAGER AB. BEWÄHRT HABEN SICH HALB- ODER EINTÄGIGE VERANSTALTUNGEN.
MÄRKTE, DIE AUFGRUND DER VIELZAHL DER PROJEKTE UND BETEILIGTEN LÄNGER DAUERN, BEZEICHNET MAN OFT ALS **PROJEKTMESSEN**. DIESE BRAUCHEN EINEN DEMENTSPRECHEND HÖHEREN VORBEREITUNGS- UND ORGANISATIONSAUFWAND.

Barcamp

Ein Barcamp kommt häufig auch als Unkonferenz daher. Es ist eine gänzlich offene Veranstaltung, die viele Anleihen bei einem Open Space Workshop nimmt. Ein Barcamp führt nicht nur unterschiedliche Personen zur selben Zeit am selben Ort zusammen, sondern integriert auch unterschiedliche Methoden und Ansätze.

Ablauf und Inhalt werden durch die Anwesenden bestimmt, denn es gilt der Grundsatz, dass es auf einem Barcamp keine passiven Teilnehmer gibt, sondern nur aktive Mitmacher bzw. „Teilgeber".

Sieben Prinzipien leiten bei einem Barcamp die kreative Zusammenarbeit auf Augenhöhe:

1. Jeder Teilgeber, der ein Thema behandeln möchte, stellt dies bei dem gemeinsamen Tagesauftakt (der sogenannten Session Planung) vor und wählt dafür einen noch freie Platz auf der Agenda (Zeit und Raum).

2. Während seiner Session ist der Teilgeber auch Gastgeber. Dies bedeutet nicht unbedingt, dass er einen Vortrag halten muss oder moderiert, dies kann aber sein. Genauso gut können auch andere gebeten werden, Rollen in der Session zu übernehmen. Wichtig ist nur, dass der Gastgeber dafür Sorge trägt, dass zum Thema und Ziel passende Arbeitsbedingungen vorliegen.

3. Die Nutzung von sozialen Medien (Twitter, Facebook, Blogs etc.) direkt während der Veranstaltung ist nicht nur erlaubt, sondern wird gern gesehen. So wird das Mitmachen auch von Menschen möglich, die nicht direkt vor Ort sind, und das kreative Potenzial steigt. In Barcamps die rein unternehmensintern sind und nicht „nach außen“ kommunizieren wollen, werden die entsprechenden Intranets und Enterprise Social Collaboration-Werkzeuge genutzt, um die Erkenntnisse aus den Sessions auch für die Abwesenden sichtbar zu machen.

4. Hummeln und Schmetterlinge sind die Wappentiere eines Barcamps und entstehen durch das „Gesetz der zwei Füße“. Wann immer jemand den Entschluss fasst, dass er der aktuellen Session nicht mehr beiwohnen möchte, weil er nichts mehr beitragen und nichts mehr lernen kann, geht er dorthin, wo es für ihn sinnvoll ist.

Während Schmetterlinge entspannt und ganz in Ruhe dem Geschehen beiwohnen, gesellen sich andere zu ihnen. So entstehen interessante Gespräche und ein Austausch auch außerhalb der eigentlichen Sessions. Hummeln hingegen „fliegen“ von Session zu Session und sind so in der Lage, neue Ideen in laufende Diskussionen zu bringen und parallel laufende Sessions inhaltlich miteinander zu vernetzen.

5. Anfang und Ende einer Session auf einem Barcamp sind nur zeitlich definiert, jedoch nicht inhaltlich. Es sind Zielzeiten, auf die sich die Teilnehmer verständigen. Die Arbeit beginnt jedoch, wenn es soweit ist, und endet, wenn die Arbeit getan ist. So ist es üblich, dass einige Sessions „vor der Zeit “ enden, während andere ihre Arbeit „über die Zeit“ hinaus fortsetzen, einen freien Raum suchen oder einen Folgetermin außerhalb des Barcamps vereinbaren.

6. Selbstverantwortung ist die zentrale Ressource auf einem Barcamp. Jeder entscheidet souverän, was mit ihm passiert und was er beiträgt. Es gibt keine Anforderung und keine vorab festgelegten Ziele zu erfüllen – es sei denn, man hat sie sich selbst gesetzt. Deshalb sind Barcamps auch nicht geeignet, wenn Sie vorab definierte inhaltliche Ziele erreichen wollen oder zwingend Ergebnisse zu wichtigen Themen erzielen müssen.

7. Ein Barcamp ist grundsätzlich zu allen Themen/Fragestellungen einsetzbar. So gibt es durchaus auch „offene" Barcamps, die vorab gar keine thematische Orientierung haben, bei denen es also ganz allgemein um Erfahrungsaustausch und Vernetzung geht. Unsere Erfahrung ist allerdings, dass eine thematische Orientierung, wie wir sie z. B. bei den PM-Camps haben, eine sinnvolle Leitplanke darstellt. In völlig offenen Formaten, bei denen die Teilnehmer sehr heterogene Hintergründe und Interessen und kaum Verbindendes haben, kann sich leicht eine Gruppendynamik der „Zersplitterung" ergeben. Das Ergebnis ist dann nicht Vielfalt, sondern der Verlust von Überblick und Orientierung.

SIND IHNEN DIE TYPISCHEN MEETINGS UND KONFERENZEN NICHT VIELFÄLTIG, SPANNEND UND INTERAKTIV GENUG. DANN PROBIEREN SIE EINE UNKONFERENZ AUS UND LASSEN SICH VON DER DYNAMIK EINES BARCAMPS ÜBERRASCHEN ...

Oft beobachten wir, dass ein neuer Auftrag an einen Projektleiter überreicht wird, der erst wenigen Minuten vorher bestimmt wurde. Dagegen unterteilt die iterative Auftragsklärung diesen Vorgang bewusst in drei Phasen: **Kontextklärung – Machbarkeitsanalyse – erste Kursbestimmung.**

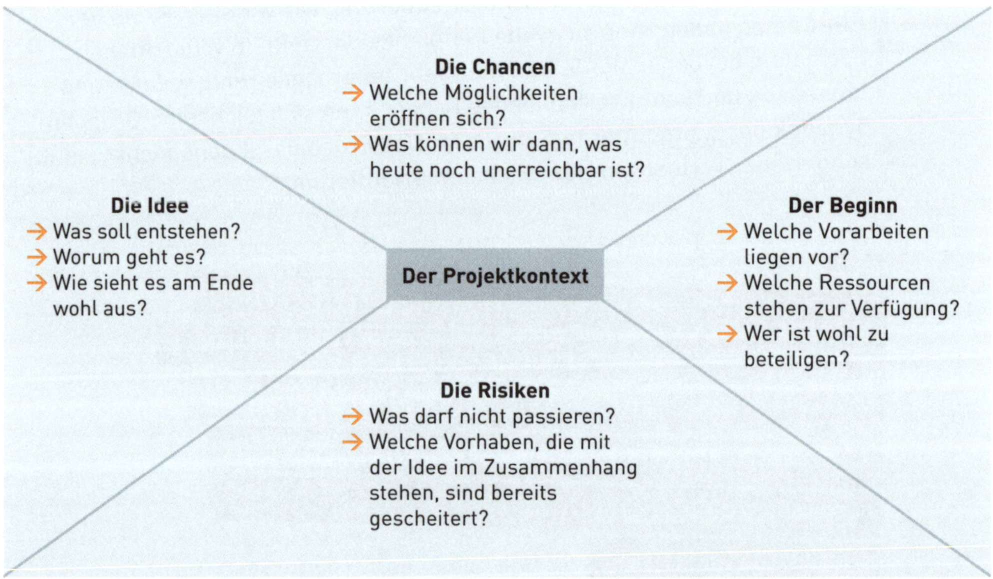

1) Die **Kontextklärung** dient der „Erkundung" der gegenseitigen Ideen und Interessen – sowohl Projektleiter als auch Auftraggeber befinden sich daher abwechselnd in der Rolle des Fragenden und Zuhörenden. Ziel dieser Phase ist eine erste „Landkarte" des Projekts: Wie stellen sich Auftraggeber und Projektleiter das Projekt vor? Welches Ergebnis wird angestrebt? Worauf kommt es auf dem Weg dahin wohl an? Der Einsatz eines → **Canvas** hat sich hier bewährt.

Im Unterschied zum Brainstorming werden hier also nicht möglichst viele Alternativen produziert, sondern eine Übersicht der konkreten Vorstellungen des Auftraggebers erstellt, der Kontext eben.

2) Die **Machbarkeitsanalyse** stellt die erste Verbindung der Projektidee zur Umwelt her, und damit zu den Möglichkeiten der Organisation. In dieser Phase kontaktiert der Projektleiter verschiedene Experten in der Organisation, um mit ihnen die mögliche Projektaufgabe zu reflektieren. Hierbei geht es darum, die Projektidee oder den Prototypen von möglichst vielen Seiten anzusehen, abzuklopfen und grob zu überprüfen – um zu sehen, ob die Idee machbar ist!

3) Als letzter Schritt folgt dann eine **erste Kursbestimmung**. Der Projektleiter hat seine Gesprächsergebnisse aus der Machbarkeitsanalyse ausgewertet, er unterbreitet nun dem Auftraggeber einen ersten Vorschlag zur Umsetzung und zur Vorgehensweise. Dieser Vorschlag kann das Vorhaben kurz auf einer Seite skizzieren oder einen Umfang von 10 Seiten haben – je nach Projektgegenstand.

Neben der Beschreibung des Gegenstandes bzw. des Projektzieles, beinhaltet die erste Kursbestimmung einen Prozess der Projektrealisierung, der für notwendige Änderungen offen ist. Daher ist es ratsam, bereits in dieser frühen Phase eine verbindliche Verabredung zu treffen, wie mit Änderungen (Change Requests) und Veränderungen (Change Management) im Projektverlauf umgegangen werden soll.

Ziele, Aufträge und Pläne sind dazu da, eine Orientierung zu geben, dürfen aber nicht heilig sein. Die Strukturiertheit im Projekt, also die Tatsache, dass es einen bestimmten Kurs gibt und dass für den Fall einer Änderung ein verbindlicher Prozess existiert, – diese Strukturiertheit ist dagegen sehr wohl heilig.

STELLEN SIE IMMER WIEDER FEST, DASS PROJEKTAUFTRÄGE EHER „ÜBER DEN ZAUN GEWORFEN" WERDEN UND VOM PROJEKTLEITER ALS GEGEBEN HINGENOMMEN WERDEN? SIND WESENTLICHE VEREINBARUNGEN ZU BEGINN DES PROJEKTES NICHT GETROFFEN? FÜHRT DAS IM LAUFE DES PROJEKTES ZU PROBLEMEN? DANN VERSUCHEN SIE IM NÄCHSTEN PROJEKT EINMAL EINE ITERATIVE AUFTRAGSKLÄRUNG!

Puls-Meeting

Klassische Projektgremien und Projektportfoliogremien haben in der Regel einen sehr breiten Fokus: Status des Projektes, Fortschritt versus Planung, aktuelle Risiken, Eskalationsbedarfe, um nur einige zu nennen. **Das Puls-Meeting ist ein beschleunigtes Projekt-Portfolio-Steuerungsmeeting mit spitzem Fokus.** Es folgt einigen agilen Prinzipien, lässt sich aber auch für nicht-agile oder hybride Projekte erfolgreich einsetzen.

Dabei wird von der Grundannahme ausgegangen, dass Projektleiter bzw. Product Owner und das Projektteam verantwortlich für den Erfolg des Projektes sind und dazu die notwendigen Entscheidungen treffen und Maßnahmen umsetzen. Das Puls-Meeting dient daher ausschließlich der (positiv gemeinten) Eskalation aktueller Hindernisse. Es geht also ausschließlich um solche Fälle, bei denen das Projekt innerhalb der eigenen Möglichkeiten und Befugnisse nicht weiterkommt, bei denen es also die Unterstützung anderer Bereiche benötigt.

In der Vorbereitung auf ein Puls-Meeting analysiert jedes Projekt, welche Probleme es nicht selbst lösen kann bzw. wofür es Unterstützung benötigt, und schickt eine Liste der betreffenden Bereiche (z. B. Finanzen, Beschaffung, Personal) an den Puls-Organisator. Der Puls-Organisator stellt dann sicher, dass aus jedem benötigten Bereich ein entscheidungsbefugter Ansprechpartner anwesend sein wird.

Das Puls-Meeting selbst ist eng getaktet: Jedes Projekt hat eine sehr kurze Timebox (maximal eine Minute), um den eigenen Status zu berichten. So erhält man z. B. in einer halben Stunde einen Überblick über 30 Projekte, mit Fokus auf die aktuellen Hindernisse und auf die zu lösenden Probleme. Dabei dient ein Puls-Board als zentrales Visualisierungs-Instrument.

	Gesamtstatus	Finanzen	Compliance	IT-Betrieb	Beschaffung	HR	...
Projekt A	🔴		🔴	🔴			
Projekt II	🟢			🔴			
Projekt C3PO	🔴	🔴	🔴		🔴		
Projekt 4711	🟠				🔴	🔴	
...							

Auf dem Puls-Board wird für jedes Projekt transparent gemacht, mit welchen anderen Unternehmensbereichen Lieferbeziehungen bestehen und ob es aktuell konkreten Gesprächsbedarf, also Probleme oder Risiken zu adressieren gibt.

Nach der kompakten Projekt-Status-Runde finden dann kurze, fokussierte Gespräche zwischen den Projekten und den Bereichen statt, mit denen es Klärungs- bzw. Unterstützungsbedarf gibt. Da aus den betroffenen Bereichen Entscheider anwesend sind, kann oft sehr schnell eine Lösung gefunden und direkt verbindlich vereinbart werden.

Die Häufigkeit bzw. Frequenz von Puls-Meetings hängt von der Dynamik der Projekte ab: Wenn Projekte beispielsweise in einem 2-wöchigen Takt arbeiten, wäre ein Puls-Meeting im 2-Wochen-Rhythmus ein guter Startpunkt. Bei Bedarf kann der Zeitraum natürlich angepasst werden. In jedem Fall sind Regelmäßigkeit und Routine die entscheidenden Erfolgsfaktoren.

Puls-Meetings sind effizienter als wenn jedes Projekt eigene Abstimmungstermine mit den jeweiligen Bereichen vereinbaren würde. Sie sind effektiver, da es normal wird, Probleme früh und offen anzusprechen und Hilfe anzunehmen, bevor es zu spät ist.

Das Puls-Meeting ist nicht zwangsläufig der Ersatz für einen Projektsteuerkreis oder ein Portfolio-Gremium. Aber es ermöglicht diesen Gremien, sich auf strategische Zielsetzung und Steuerung der Projekte zu fokussieren, da die operativen Probleme viel effizienter im Puls-Meeting adressiert und oft sogar direkt gelöst werden können.

HABEN SIE DEN EINDRUCK, DASS PROJEKTE RISIKEN UND PROBLEME OFT ZU LANGE VERSTECKEN? SIND DIE PROZESSE FÜR ESKALATIONEN ZU LANGSAM, SODASS JEDES PROJEKT EIGENE INFORMELLE WEGE FINDEN MUSS?

DENKEN SIE, DASS IN IHREN PROJEKTGREMIEN ZU VIEL ZEIT FÜR DIE DISKUSSION OPERATIVER PROBLEME VERWENDET WIRD? WÜNSCHEN SIE SICH EIN SCHLANKES FORMAT, DAS DIE OFFENE KOMMUNIKATION UND DEN LÖSUNGSFOKUS FÖRDERT? DANN KANN EIN PULS-MEETING EIN WERTVOLLES INSTRUMENT SEIN!

Entscheidungs-beschleuniger

Gerade wenn man sich von der starren Welt der Standardisierung verabschiedet, wird die Zahl der zu treffenden Entscheidungen steigen. **Da ist es gut, wenn man sich auf grundlegende Prinzipien der Entscheidungsfindung im Projekt einigt**, damit man sich dann der Sache selbst widmen kann.

Klaus Antons hat dafür eine Einteilung vorgeschlagen, die anschaulich die unterschiedlichen Entscheidungstiefen zeigt.

Ich habe entschieden/das Unternehmen hat entschieden:	... mit Ihnen möchte ich klären/entscheiden/vereinbaren:
Gar nichts	ob etwas gemacht werden soll
Dass etwas gemacht werden soll	was gemacht werden soll
Was gemacht werden soll	wann, wie wo, von wem und in welcher Qualität etwas gemacht werden soll
Wann, wie, wo und von wem es gemacht werden soll = alles	die Beweggründe für meine Entscheidung = warum
Alles	welche Konsequenzen für Sie damit verbunden sind
Alles	nichts, aber ich möchte Sie informieren und Sie dafür „gewinnen“, es mitzutragen, es mit zu erledigen

Anhand dieser Systematik können Sie definieren, welche Entscheidungsspielräume bestehen und was im Fokus der Entscheidung steht.

Angesichts der so festgestellten Entscheidungsspielräume, widmen Sie sich dann im zweiten Schritt der Absprache über eine Entscheidungsregel. Wenn Sie eine Spontanumfrage durchführen, welche Entscheidungsregel für Teams am besten geeignet ist, wird die Konsensentscheidung mit weitem Abstand an der Spitze liegen. Konsens ist für viele Entscheidungssituationen wünschenswert, aber sicher nicht die für alle Situationen alleinige Entscheidungsregel. Projektmanager müssen auch immer die Ökonomie ihrer Entscheidungsfindung im Auge behalten.

Denn manchmal nimmt die Suche nach einem Gruppenkonsens eine Menge Ressourcen in Anspruch, die zum Wert des Konsens oft in keinem Verhältnis stehen. Da ist es gut, wenn Sie je nach Entscheidungsgegenstand und Kontext eine sinnvolle Entscheidungsregel auswählen.

	Vorteile	Nachteile
autoritätsorientierte Entscheidungen	schnell, bestätigt das soziale Rollengefüge der Gruppe, die Rolle des „Chefs"	Risiko, dass Entscheidung nicht mitgetragen wird und demotivierend wirkt
Mehrheitsentscheidungen	schnell, Mehrheitsverfahren wird meist als „demokratisch/gerecht" beurteilt; kann mit 2/3 Regel als qualifizierte Mehrheit gestaltet werden	Es wird nicht unbedingt die sachgerechte Alternative gewählt, sondern die populärste. Die Implementierung leidet gegebenenfalls darunter.
Konsensentscheidungen	jeder wird gehört, da explizite Zustimmung erforderlich ist; Widerstände werden aktiv aufgedeckt	zeitaufwendig, einzelne können „blockieren"
Schweigen bedeutet Ablehnung	schnell, unauffällig (besonders bei „abstrusen" Vorschlägen) und weit verbreitet	Vorschläge fallen ohne Erörterung und Diskussion „durch"
Schweigen bedeutet Zustimmung	schnell, „Neues" kann gut eingeführt werden, Widerstände werden überwunden	Gefühl der „Überrumpelung" und nachhaltigem Umsetzungsproblem
Expertise	schnell und akzeptiert, wenn Expertentum als positiv beurteilt wird	Widerstände gegen „Herrschaft der Bürokraten"
Zufallsentscheidungen (z. B. durch Münzwurf)	schnell, löst Situationen, die verfahren sind	willkürlich, Widerstände zu erwarten
Konsultation (eine Person entscheidet, nachdem sie eine Mindestanzahl von Teilnehmern angehört hat)	klare Entscheidungsverantwortung bei gleichzeitiger Einbindung	nicht alle werden konsultiert und fühlen sich gegebenenfalls „nicht vertreten"

Für die Entscheidungsfindung in Gruppen hat sich der Entscheidungsbeschleuniger bewährt.

Setzen Sie sich mit allen Beteiligten in einen Kreis und diskutieren Sie die zu entscheidende Angelegenheit. Formulieren Sie ausschlaggebenden Fragen so, dass Sie nur mit einem „Ja/Nein" beantwortet werden können. Die „Ja-Sager" rücken mit ihrem Stuhl einen Meter zurück. So wird deutlich, wer noch Bedürfnis nach Diskussion hat bzw. „Nein" sagt.

Die Teilnehmer im Innenkreis diskutieren weiter bzw. fordern die noch nötigen Informationen zur Entscheidung ab. Wer im Gesprächsverlauf bereit ist, seine Zustimmung zu geben, rückt dann ebenfalls einen Meter zurück.

HABEN SIE DEN EINDRUCK, DASS DIE GEMEINSAME ENTSCHEIDUNGSFINDUNG IN GRUPPEN OFT ZU LANGE DAUERT? DENNOCH SIND SIE DAVON ÜBERZEUGT, DASS SIE ZU BESSEREN UND BESSER AKZEPTIERTEN ENTSCHEIDUNGEN FÜHRT, ALS WENN EINZELNE PERSONEN EINSAM ENTSCHEIDEN?

DANN PROBIEREN SIE ENTSCHEIDUNGSBESCHLEUNIGER AUS!

Culture Hacking

„Culture eats Strategy for Breakfast" heißt es bei Peter Drucker. **Und tatsächlich ist die gelebte Unternehmenskultur** – vereinfacht gesagt: die Art und Weise, wie wir miteinander umgehen – **ein nicht zu unterschätzender Faktor**, wenn es darum geht, Strategien umzusetzen, also z. B. Projekte erfolgreich durchzuführen!

Doch „leider" lässt sich Kultur nicht direkt messen und in Zahlen ausdrücken. Kultur ist komplex und mehrdeutig. Sie verändert sich ständig. Und noch schlimmer: Sie lässt sich weder planen noch direkt zielgerichtet verändern. Allerdings lassen sich durchaus Rahmenbedingungen verändern, die Einfluss auf die Kultur haben. Es lassen sich Impulse geben und Irritationen einbauen, die die Kultur beeinflussen.

Unter dem Begriff „Culture Hacking" fassen wir solche Ansätze zusammen, die die Unternehmenskultur stören, Reibung verursachen und Veränderung anregen. Der Begriff „Hacking" steht dabei für das spielerische Ausloten und Umgehen von Grenzen, für kreative Anpassungen und Zweckentfremdungen bzw. für die Anwendung eines „Kniffes".

Hier zwei konkrete Beispiele:

- In vielen Unternehmen sind die Unternehmenswerte sehr transparent, auf Plakaten, Bildschirmschonern, Faltblättern etc., und werden doch kaum mehr wahrgenommen, geschweige denn gelebt. Ein Hack, um wieder Aufmerksamkeit auf das Thema zu lenken, können Plakate sein, die das genaue Gegenteil fordern – also z. B. „Misstraue jedem" –, um auf den Wert Vertrauen aufmerksam zu machen und den Dialog darüber anzuregen.
- Werden im Unternehmen Fehler vertuscht, sodass der Schaden später umso größer wird und nicht direkt daraus gelernt werden kann, so kann es durchaus Sinn machen, für eine gewisse Zeit Fehler (vor allem aber das daraus Gelernte!) zu feiern und zu prämieren. Man sollte allerdings aufpassen, dabei nicht über das Ziel hinaus zu schießen, denn „Scheitern um des Scheiterns willen" ergibt auch keinen Sinn!

CULTURE HACKS KÖNNEN FEHLFUNKTIONEN IN DER ZUSAMMENARBEIT AUFDECKEN, HINDERNISSE DURCH UNGESCHRIEBENE GESETZE SICHTBAR UND STÖRENDE GEWOHNHEITEN BEWUSST MACHEN.

Vielleicht kennen Sie das: In vielen Meetings lassen sich die Teilnehmer durch ihre Smartphones ablenken. Natürlich können Sie Meetingregeln beschließen und vielleicht sogar im Meetingraum an die Wand werfen. Doch meist wirken solche Maßnahmen nur kurz – schnell ignoriert man die Regeln und fällt zurück in alte Gewohnheiten. Für diese Situation beschreibt Jason Little in seinem Buch „Lean Change Management" einen spannenden Hack: Stellen Sie einen Pappkarton zur „kurzzeitigen Telefonaufbewahrung" auf den Meetingtisch und lassen Sie den Teilnehmern die Wahl: Telefon für die Dauer des Meetings im Karton parken oder gehen.

Jede ungewohnte Form der Zusammenarbeit kann eine wirkungsvolle Intervention sein, ein wirkungsvoller Culture Hack für Ihr Projektteam: jedes Meeting, das Sie anders gestalten als gewohnt, jede neue Technik (z. B. → **Liberating Structures** oder auch die → **Teamzeit**) und jedes neue Werkzeug, das Sie ausprobieren, jede neuartige Frage, die Sie stellen, jede Regel, die Sie einfach einmal weglassen usw. Allein schon die Verwendung ungewohnter Begrifflichkeiten (die Dinge beim Namen nennen statt sinnenleerte Buzzwords zu verwenden) kann irritieren und dadurch neues Denken provozieren.

Was denken Sie, was passiert, wenn es plötzlich keine Reisekostenregelung mehr für Dienstreisen gibt? Ein Unternehmen hat das Experiment gewagt, den Mitarbeitern vertraut, und so letztendlich die Reisekosten gesenkt.

Oft werden Rituale und Praktiken, die sich über Jahre etabliert haben, im Unternehmen nicht mehr hinterfragt, sondern als gegeben hingenommen. Das ist gefährlich, oft Verschwendung und sogar demotivierend – denken Sie beispielsweise an Meetings, deren Sinn und Wertbeitrag niemand (mehr) benennen kann. Sie können regelmäßig aufräumen und entrümpeln, also Strukturen, Regeln, Praktiken, Methoden und Werkzeuge daraufhin überprüfen, ob sie überhaupt noch Sinn machen bzw. Wert stiften. Doch solche Initiativen sind anstrengend und lassen sich leicht aufschieben. Besser wäre es doch, Sie verhindern von vornherein, dass einzelne Regeln und Praktiken zum Selbstzweck verkommen und nur noch aus Gewohnheit angewendet werden: Versehen Sie künftig jedes Regelmeeting, jede Verfahrensanweisung etc. mit einem Ablaufdatum. So zwingen Sie sich dazu, immer wieder neu zu entscheiden, ob das Verfahren so noch Sinn macht oder etwas anderes inzwischen sinnvoller wäre.

Einige Organisationen leisten sich „moderne Hofnarren"als Culture Hacker. Das sind Mitarbeiter mit einer gewissen „Narrenfreiheit", die sinnentleerte Rituale aufspüren und anklagen, die größten Verschwendungen, Zielkonflikte und andere Hemmnisse bzw. Potenziale aufdecken sowie die Organisation mit frechen Impulsen versorgen. Also Menschen, die auf den ersten Blick absurde Fragen stellen, Unerwartetes tun, den Finger in Wunden legen, Muster brechen, etablierte Abläufe stören und intervenieren dürfen, um kritisches Denken und positive Veränderung zu ermöglichen.

Vielleicht haben Sie schon einmal von der „Slack Time" gehört, die vor allem durch Google bekannt wurde. In ihrer Reinform kann und soll jeder Mitarbeiter 20 % der Arbeitszeit in eigene Ideen investieren, ohne Business Case, ohne Projektfreigabe. Da kann etwas Großartiges bei herauskommen, muss aber nicht. Die Slack Time ist also im Sinne von → **Effectuation** ein „leistbarer Verlust" des jeweiligen Unternehmens.

Natürlich kann man sich darüber streiten, ob man eine unternehmensweite Slack Time noch als Culture Hack bezeichnen kann. Aber man kann daraus wertvolle Culture Hacks in kleinerem Maßstab ableiten: Führen Sie doch eine Slack Time im Projektteam ein, oder nehmen Sie sich im Projektteam die Zeit für einen → **Hackathon**. Oder Sie lassen es einfach einmal zu, dass jemand „Däumchen dreht", während er auf jemanden warten muss, anstatt die Wartezeit mit neu erfundenen Aufgaben zu füllen. Kreativität und Innovation benötigen Zeit und Muße, um entstehen und reifen zu können.

Viele in diesem Buch vorgestellten Techniken, Werkzeuge und Formate lassen sich als Culture Hacks im Sinne minimalinvasiver → **Experimente** verwenden, da sie gewohnte Muster brechen und so einen Impuls zum Nachdenken und Andersmachen darstellen. Die größte Wirkung entfalten Hacks erst im Nachgang, wenn über den Sinn und Unsinn gesprochen wird, wenn daraus Geschichten entstehen, die gerne weitererzählt werden und so Haltung und Verhalten verändern – geben Sie dafür die Zeit und den Raum.

SIE MÖCHTEN DIE KULTUR IN IHREM TEAM ODER GAR IM GESAMTEN UNTERNEHMEN VERÄNDERN, SIND SICH ABER DESSEN BEWUSST, DASS KULTURVERÄNDERUNG NICHT PLANBAR IST? HABEN SIE VERTRAUEN IN DIE MENSCHEN UND MUT, ETWAS AUSZUPROBIEREN?

DANN GEHEN SIE IN KLEINEN SCHRITTEN VOR, MIT KLEINEN CULTURE HACKS UND KLEINEN IMPULSEN.

Prinzipien statt Regeln

Wir plädieren für Prinzipien statt Regeln, weil …
… die Kontrolle auf Einhaltung der Regeln nicht nur mühsam, sondern auch nicht wertschöpfend ist.
… Regeln, und seien sie noch so kompliziert für unterschiedlichste Situationen und Fälle definiert, nie die Komplexität der Realität abbilden können – Prinzipien gelten auch für unvorhersehbare Ausnahmen.
… Regeln einen Führungsstil des „Command & Control“ unterstützen, den wir für demotivierend und nicht zukunftsrobust halten.
… Prinzipien einerseits einen Rahmen abstecken, in dem Handlungsraum für Selbstständigkeit, Kreativität und Verantwortungsübernahme entsteht, und gleichzeitig Beliebigkeit verhindern.
… Pionierarbeit nicht durch Regeln und Pläne gelingt.

Prinzipien, die aus unserer Sicht ein ganzheitliches, integratives Projektmanagement befördern, sind:
1. Kein Projekt ohne Auftrag: Der kann anfangs gern vage sein und hat am Ende wahrscheinlich wenig mit dem ursprünglichen zu tun. Eine mit allen Beteiligten geteilte Vision und abgestimmte Leitplanken geben Orientierung ohne einzuschränken, und sie schaffen Fokus.
2. Es wird vorab entschieden wie entschieden wird: Denn eine Einigung ist meist schwierig oder zumindest langsam, wenn man sich angesichts der Sachfrage, zu der man Klärung braucht, erst über die Entscheidungsregel unterhalten muss. Noch schlimmer wird es, wenn erst im Nachhinein die ungeklärte Entscheidungsregel diskutiert wird, weil ein Schuldiger gesucht wird.
3. Die Kraft der Gruppe nutzen, indem man Unterschiede, Hoffnungen und Befürchtungen genauso wie Begeisterung und Widerstand eine gute Heimat gibt.
4. Prototypen, Experimente und Zwischen-Tests, also empirisches Vorgehen, sind bei hoher Dynamik und Komplexität überlegen gegenüber einer detaillierten Planung über Monate oder gar Jahre hinweg. Statt ermüdendem Durchhalten in der Planwirtschaft setzen wir lieber auf neugieriges Erkunden, offene Reflexion und stetiges Lernen.

5. Visualisierung, Transparenz und Offenheit bringen das Projekt „unter die Leute" und laden zum Mitmachen ein. Statt sich über Dateiformate, Lese- und Schreibberechtigungen, Reporting-Vorlagen und andere Standards einigen zu müssen, raten wir zu offenen Türen, sichtbaren Task-Boards, Open Collaboration Plattformen und → **Canvas**.

6. Selbstorganisation im Projekt und Ermächtigung der Projektarbeiter (→ **Servant Leadership**) sind die wirksamen Antworten auf die Herausforderungen, denen wir im System Projekt begegnen. Die Zeit der einsamen Helden an der Spitze eines Projektes sind vorbei. Das Projektteam kann selbst am besten erkennen, welche Aufgabenstellungen eher kompliziert und welche komplex sind, und entscheiden, welches Vorgehen, welche Methoden und Tools es sinnvoll einsetzt.

7. Kundenzentrierung und die aktive Einbindung der Stakeholder schaffen ein Projektergebnis, das von den Nutzern akzeptiert und als wertvoll gesehen wird. Denn nicht das Projektteam, sondern die Benutzer des Projektgegenstands bestimmen, ob ein Projekt erfolgreich ist oder nicht.

WENN SIE DAS GEFÜHL HABEN, DASS IHR PROJEKTMANAGEMENT TROTZ GUTER REGELN UND DEFINIERTER PROZESSE ZU OFT NICHT ZUM ERFOLG FÜHRT, KÖNNEN SIE AUF PRINZIPIEN UMSTELLEN.

LASSEN SIE SICH ÜBERRASCHEN, WAS DIE ABWESENHEIT VON REGELN AN KREATIVITÄT FREISETZEN KANN …

Quellen und Literatur

Projektmarkt

Königswieser, R., Exner, A., Systemische Interventionen, 2006

https://www.hinz-wirkt.de/lotsenblog/artikel/1752-marktplaetze-knappe-ressourcen

Barcamp

http://barcamp.org/w/page/405173/TheRulesOfBarCamp

http://www.pm-camp.org/wpx/

Iterative Auftragsklärung

Hinz, O., Der Projektkapitän, 2015

Entscheidungsbeschleuniger

Königswieser, R., Exner, A., Systemische Interventionen, 2006

Oestereich B., Schröder, C., Das kollegial geführte Unternehmen, 2017

Culture Hacking

Little, J.: Lean Change Management, 2016

Business Culture Hackers: A Culture Hack Is … (http://bizculturehackers.com/a-culture-hack-is/)

Culture Hacking Berlin, Meetup Gruppe (https://www.meetup.com/de-DE/Culture-Hacking-Berlin/)

Prinzipien statt Regeln

http://agilemanifesto.org/iso/de/manifesto.html

http://www.cluetrain.com/auf-deutsch.html

Heiko Bartlog

Heiko Bartlog (Diplom-Kaufmann) arbeitet seit 20 Jahren in Projekten: als Projektmanager, als Berater für Projektmanagement und seit einigen Jahren als Agile Coach.

Als „Gastgeber für Innovation" begleitet er große und kleine Organisationen auf dem Weg zu mehr Agilität, besserer Zusammenarbeit und Innovation. Dabei bedient er sich situativ aus einem großen Methodenkoffer, um seinen Kunden neue Erfahrungen zu ermöglichen und Veränderung praktisch erlebbar zu machen: Neben Agilität und Scrum zählen Effectuation, Lean Startup, Business Model Generation, Management 3.0 und kollaborative Großgruppenformate zu seinen Steckenpferden.

Darüber hinaus engagiert er sich für die Zukunft der Arbeit u. a. im intrinsify.me Netzwerk, als einer der ehrenamtlichen Organisatoren des jährlichen PM Camp Berlin und zahlreicher Meetups – er ist überzeugt, dass effektive Innovation vor allem durch die Vernetzung von Menschen entsteht.

Weitere Infos und aktuelle Blogbeiträge auf http://bartlog.de

Olaf Hinz

Olaf Hinz lotst seit 2000 Führungskräfte und Projektleiter durch herausfordernde Situationen und begleitet Unternehmen bei der Navigation durch ungewisse Gewässer. Als bekennender Hanseat unterstützt er seine Kunden auch jenseits von Tools und Checklisten wirksam zu sein und ihre Aufgaben mit seemännischer Gelassenheit zu erfüllen.

Vor seiner Selbständigkeit war Olaf Hinz u. a. als Büroleiter von Peer Steinbrück, damals Wirtschaftsminister in Schleswig-Holstein und Personalmanager/Projektfinanzierer der LB Kiel, tätig. Über zentrale Aspekte seiner Beratungsthemen publiziert er regelmäßig und ist als Speaker ein gefragter Impulsgeber.

Lernen Sie ihn unter hinz-wirkt.de kennen.

Impressum

1. Auflage 2018

ISBN 978-3-9819917-1-0

Bibliografische Information der Deutschen Nationalbibliothek:
Die Deutsche Nationalbibliothek verzeichnet diese Publikation in der Deutschen Nationalbibliografie; detaillierte bibliografische Daten sind im Internet unter http://dnb.dnb.de abrufbar.

http://mind.any.de

Umschlag, Layout und Satz: tiff.any GmbH, 10999 Berlin

Druck: Westermann Druck Zwickau
Printed in Germany